光の場、電子の海

量子場理論への道

吉田伸夫

新潮選書

はじめに

多くの科学史家は、1926年を、物理学の転換点となる画期的な年だとしている。この年、シュレディンガーによる波動力学とハイゼンベルクらによる行列力学の同等性が証明され、両者を総合した「量子力学」が完成したと言われるからだ。しかし、本当にそうなのだろうか？

量子力学は、半導体・レーザー・原子核などさまざまな分野に応用され、現代の科学技術文明を支える基礎理論となっている。こうした応用の際に必要となる道具立てのほとんどが1926年までに出揃ったので、確かに、この時点で量子力学の枠組みが確立され、これ以降は、できあがった理論を応用する時代に入ったと見ることもできる。

だが、当時の物理学者にそうした自覚があったとは思えない。水素原子の構造に関する予測は測定データと高い精度で一致していたので、量子力学が〝役に立つ〟理論であることは間違いなかったが、自然の謎を究明しようと奮闘してきた人たちにとって、1926年当時の量子力学は、まだまだ未熟な理論だったはずだ。

「量子」のアイデアは、波動だと思われていた光がときには粒子のように振舞い、逆に、典型的な粒子であるはずの電子がときに波動のように振舞うという認識に由来する。ところが、1926年版の量子力学では、光は理論の枠組みに取り入れられておらず、電子も、実体は粒子でありながら、その運動の仕方が波動方程式に従うという曖昧な形でしか定式化できなかった。量子力学とは、その大仰な名称とは裏腹に、単なる「粒子の量子論」にすぎないのである。

こうした状況に飽きたらない研究者たち（特に、ディラック、ヨルダン、パウリ、ハイゼンベルク）は、１９２６年以降も理論の改良を続け、遂に、一つの完成形を作り上げる。これが、粒子ではなく場を量子論的に扱う**量子場の理論**である。量子場の理論では、電子と光が同じ理論形式で記述されており、どちらも**粒子と波動の二重性**を示す理由が不自然でない形で示された。

量子場の理論の最大の障害は、数学的な扱いがきわめて難しい点である。この理論の形式は１９２９年に提案されるが、当初は信頼できる計算がほとんどできなかった。曲がりなりにも計算できるようになるのは、第二次世界大戦終結後の１９４０年代末であり、数学的な定式化がほぼ完成するのは、ようやく１９６０年代になってからである。しかも、計算がどうしようもなく難しいにもかかわらず、量子場の理論は、技術的な応用には全くといって良いほど役に立たない。半導体の設計や新素材の開発を行うには、１９２６年版の量子力学さえ使えれば充分なのである。大学教育で量子場にほとんど目が向けられないのは、そのためである。

とは言っても、量子場の理論が、科学的な自然理解の極致であり、人類の英知の到達点であることは確かである。たとえ何の役に立たなくとも、そこに示される物理世界の驚くべき姿をかいま見ることは、心を豊かにしてくれる体験ではないだろうか。

さらに、量子場の理論を視野に収めることは、ミクロの究極に迫ろうとした20世紀物理学史の全体像を理解する上でも、非常に重要である。**これまで、１９２６年までの量子力学の形成史と、**

1960年代以降の素粒子論の進展は、別個に語られることが多かった。しかし、この2つを量子場の理論というミッシング・リンクでつなぐならば、体系的な理論と知的な直観に基づいて探究を進めた物理学者たちの努力の跡が、一筋の太い線となってはっきりと見えてくるはずだ。

こうした観点から、本書では、物理学の専門的な知識のない人を対象に、量子場の理論の解説を試みる。入門書の常道に従って歴史を辿っていくが、関連する話題を全て取り上げるのではなく、量子場理論に至る道程が明確になるように、粒子と波動の二重性という問題を常に中心にして話を進めていく。

まず序章で、粒子的な原子と波動的な場から世界が構成されるという19世紀の二元論的な見方を紹介する。第1章から20世紀に入り、粒子・波動の二重性が現れる最初のケースとしてアインシュタインの光量子論を取り上げる。続いて、第2章で、ニュートン以来の古典物理学では説明できない現象として原子の安定性に触れ、第3章で、それを解決する理論として、電子を波動と見なすシュレディンガーの波動力学を紹介する。第4章では、ハイゼンベルクらによる行列力学について述べるが、細かい点は省略して、量子条件と不確定性原理に焦点を絞ることにする。

これに続くのが本書の主要部である。第5章と第6章で、量子場の理論への突破口を切り開いたディラックの業績（電磁場の量子化と相対論的電子論）について紹介し、第7章で、量子場理論の最も正統的な形式であるハイゼンベルクとパウリによる量子電磁気学を取り上げる。

さらに、第8章で具体的な計算を可能にした朝永振一郎らのくりこみ理論を紹介し、終章では、素粒子論の発展と標準模型を総括する。

量子論の歴史を解説した書物は巷に溢れているが、多くの場合、１９２６年に理論形式が完成するというシナリオに合致するように、後知恵によって研究成果を解釈し直している。本書では、そうした後知恵を用いず、研究を実施した時点で科学者たちがどのように考えていたかを、論文から読みとれる限り明らかにしていく。その方が、なぜ量子場という概念が必要になるかが理解しやすいからである。

また、数学の知識があまりない読者を想定して、多項式や分数式より難しい数式は極力使わないことにした（波動関数の説明のために、1箇所だけ三角関数を使ったが）。ただし、これでは説明があまりになおざりになってしまうので、数式を用いた説明がほしい人のために、「もっと深く知りたい人のための注」を付けておいた。理工系の読者は、できれば目を通すようにしていただきたい。

量子場の理論は難解である。だが、その内容をある程度まで理解したとき、人は驚きと喜びを禁じ得ないだろう。世の中には、不確定性原理やシュレディンガーの猫といった話題を取り上げて、量子力学の不思議さを吹聴する書物が少なくないが、量子場の理論を学ぶと、そうした軽薄な騒ぎに巻き込まれることが恥ずかしくなるだろう。この理論は、それほどにも深遠である。

量子論がわからないと嘆く人、量子論などマスターしたと思いこんでいる人は、是非、本書に目を通してほしい。

目次

図版作成　下里　晃弘

光の場、電子の海——量子場理論への道

序章　原子と場——19世紀物理学の到達点

世界を形作る基本的な構成要素は何か？　地上に文明が誕生して以来、この問いは繰り返し投げかけられてきた。

岩石や土は、小さな塊が固くくっつきあってできている。これと同じように、あらゆる物質の元になるのは目に見えないほど微小な粒子であり、これが空虚な隙間を動き回りながらレゴブロックのようにくっついて物質を作り出しているのだろうか？

一方、空気は空間を余すところなく満たし、風となり音となって世界をざわめかせているように見える。これが世界の根源的な姿を表しているのだとすると、空虚な隙間といったものはなく、あらゆる場所で何事かが起こり得ることになる。物質とは、空間を満たす何かが随所で凝り固まって構造を作り上げたものなのだろうか？

こうした思索は、長い間、単なる思弁の域を出なかった。世界の構成要素について、現実のデータと結びつけられる確固たる理論が作られるのは、ようやく19世紀になってからである。当時の西ヨーロッパでは、鉱工業の発展に伴い物質や電磁気に関する高度な知識が産業界から求められたこともあって、職業科学者が実験や観測に基づいて実証的な研究を行うという近代的な体制が整えられつつあった。

19世紀末に西ヨーロッパの先端的な科学者たちが到達した結論は、物質と力を別個のものとして捉える一種の二元論だった。

物質を構成する基本要素は「原子（atom）」と名付けられた。原子は元素ごとに同じ性質を持つ粒子的な実体で、膨大な個数の原子が相互にくっつきあって目に見える物質を作り上げていると考えられた。しかし、世界に原子しか存在しないのならば、互いにどうやって引き寄せ合い、巨大な物体を作り上げているのかわからなくなる。それとも、魔術のような力が空虚な隙間を飛び越えて作用し、互いに連絡を取っているのだろうか？

こうした謎を解決するために考案されたのが、空間に満ちて力を媒介する何かである。19世紀には、この何かは、アリストテレスが提唱した第五元素の名を借りて「エーテル」と呼ばれることが多かったが、現在では、「場（field）」という呼称が定着している。離れた原子同士が直接コンタクトを取るのではなく、ある原子の生み出した変化が空気中の音波のように場を伝わっていき、遠くの原子に作用を及ぼすというわけだ。世界を形作る2つの基本要素が、原子と場なのである。

物質は原子によって構成され、力は場によって媒介される。場は空間を満たし、その中に原子が点在する。原子は粒子として存在し、場は波動となって力を伝える。こうした二元論的な世界の描像は、それなりに完結したものである。当時の科学者の中に、これが世界についての最終的な記述を与えると考えた者がいたのも、当然かもしれない。

しかし、20世紀に入ると、事態は思いも寄らぬ方向へと進んでいく。分割不能だとされた原子

に内部構造が見いだされ、その構成要素の1つである電子が、ときとして波のように振舞うことがわかってきたのだ。さらに、場を伝わる波に他ならないと思われていた光も、場合によっては粒子的な性質をかいま見せることも判明した。粒子性と波動性は混じり合い、原子と場の境界は曖昧になってきた。

こうした流れの中で見いだされたのが、粒子性と波動性を併せ持ち、原子と場の双方を代替する「量子場」という概念である。**19世紀的な二元論は、量子場を元にした統一的な理解へと発展的に解消されていくことになる。**

だが、私は少し先走りすぎたようだ。ここではまず、19世紀に作り上げられた「世界は原子と場で構成される」という考えについて、その内容をもう少し詳しく見ていくことにしよう。そのためには、マクスウェルという一人の物理学者について語るのが近道である。

気体分子運動論

ジェームズ・クラーク・マクスウェル（1831～79）は、原子論と場の理論をともに完成の域に高めた巨人であり、物理学史上に占める地位は、ニュートンやアインシュタインに匹敵する。

マクスウェルが採用した方法論は、物理学の規範になるものだった。はじめに、出発点となる理論的な仮説を明確なモデルに基づいて作り、そこから演繹的にさまざまな帰結を導き出す。これを実験で得られたデータと比較して、高い精度で理論と実験が一致するならば、最初の仮説が検証されたと考えるのである。この方法論を実践することによって、彼は、原子論と場の理論を、哲学的な推測から確固たる物理学理論へと変貌させることができた。

マクスウェルの方法論が持つ特徴が最も明瞭に見て取れるのが、気体分子運動論である。この理論の説明から始めよう。

酸素や水素のような元素の実体を小さな粒子だと考える近代的な原子論は、19世紀初頭にドルトンによって提唱された。この理論によれば、例えば、酸素と水素が水になる化学反応は、酸素原子1個と水素原子2個から水の分子（ドルトンの言い回しでは複合原子）ができる過程である。こうしたドルトン流の原子論は、化学反応する物質量の比が一定になる（例えば、水になるときの酸素ガスと水素ガスの容積比が常に1対2になる）ことを簡単に説明できるので、化学者にとっては便利な仮説だったが、原子が実際に存在するかどうかについては、懐疑的な人も少なくなかった。直接観測することのできない原子が、なぜ存在すると言えるのか？

これに対するマクスウェルの議論は明快だった。確かに、原子そのものは観測できない。だが、原子が存在すると仮定して理論を作り、そこから導かれる帰結が実験結果と一致すれば、原子仮説の信憑性は飛躍的に高まるはずだ。

このような観点から構築されたのが、気体分子運動論である。この理論では、気体とは、分子（ヘリウムなどの不活性気体では原子）が空間内部を自由に飛び回っている状態だと仮定される。分子はニュートン力学が適用できる小さな粒子であり、ちょうどビリヤード球のように容器内壁にぶつかっては跳ね返されている。もっとも、1個の分子はきわめて軽く（現在の知見では、酸素分子の質量は5ミリグラムの100億分の1の100億分の1である）、その個数は膨大なので（常温の大気で1立方センチ中に0・3×100億×100億個の分子が存在する)、1個1個の分子が与える衝撃は区別できない。気体が、孤立した分子の集まりであるにもかかわらず、まるで隙間なく空間を満たしている連続体のように感じられるのは、このせいである。実感はどうであれ、気体は飛び回っている粒子の集まりだと仮定し、1個1個の分子が壁にぶつかったときの衝撃力を全て足しあわせたときにどうなるかを計算すると、実験によって見いだされていた経験則(ボイル=シャルルの法則)と同じ振舞いを示す圧力の式が得られる。これが、原子や分子が存在するという根拠である。

マクスウェルのすごさは、こうした簡単な関係式に留まらず、「特定の速度を持つ分子の割合が全体の何%になるか」という速度分布の式まで求めてしまったことにある。分子同士が衝突すると個々の分子の速度は頻繁に変化するが、分子数がきわめて多い場合は、特定の速度を持つ分子がやたらに多いといった分布の偏りが均されていき、最終的に、ある滑らかな速度分布に落ち着くはずである。マクスウェルは、いくつかの仮定の下に、この分布を具体的な式の形で表した。この式を「マクスウェル分布」という(1)。マクスウェル分布は、気体を構成する膨大な数の分子群が持つ速度分布を、温度に依存する関数で与える。例えば、25℃の水素ガスの場合、水素分子の平均速度は秒速1・9キロだが、全体の0・7%の分子は平均の2倍以上のスピードで飛び回っている——といったことが、この関数を使って計算できる。

マクスウェルは、さらに、速度分布の式に基づいて気体が持つ粘性(粘りけの程度)も計算した。こうして導き出された粘性の値が、実験から得られたデータとほぼ一致していたため、粒子のように振舞う原子・分子の実在性は、さらに真実味を帯びることになった。こうした研究はルートヴィッヒ・ボルツマン（１８４４～１９０６）に受け継がれ、統計力学として大成される。

確かに、原子そのものを見ることはできない（現在では、走査型電子顕微鏡を使って、金属結晶で原子が整然と並んでいる様子などを撮影することはできるが）。しかし、原子が粒子のように振舞うと仮定した理論が一定の成功を収めている以上、信憑性の高い仮説として原子の存在を受け容れるべきだろう。逆に言えば、「原子は小さな粒子のようなものだ」という見方の根拠になっているのはあくまで物理学の理論であり、理論が変更された暁には、それに応じて原子観も変えていかなければならないのだ。

マクスウェル電磁気学

マクスウェルには、気体分子運動論とともに、もう１つきわめて重要な業績がある。電磁気学を確固たる理論体系として完成させたことである。この理論で、彼は場の概念を全面的に展開して見せた。

電気と磁気の存在は、古代から知られていた。前者は擦った琥珀が羽毛などを引きつける力として、後者は磁石が鉄を引きつける力として。だが、離れている物質に作用するという謎めいた性質ゆえに、なかなか科学的な研究の対象にならなかった。空間を越えて作用するという電気や磁気が持つ不思議さを解消しようとしたのが、１８３０年代におけるマイケル・ファラデー（１７９１～１８６７）の試みである。彼は、電気や磁気の作用が空間を飛び越えて一瞬のうちに相手に届くのではなく、周辺の空間の状態をジワジワと変えながら連続的に伝わっていくと考え、空間の電気的・磁気的な状態を電気力線・磁気力線という線の形で表した。彼のイメージによれば、空間には電気的・磁気的な作用を伝える未知の媒質が満ちており、電気力線・磁気力線は、その媒質の状態を視覚的に表現するものである。

ファラデーのアイデアを受け継ぎ、電磁気の現象を数学を用いて理論化したのが、マクスウェルである。彼も、研究に着手した当初は、ファラデーと同じように、電気・磁気の作用が、空間に満ちている何らかの媒質によって伝えられると考え、この媒質が存在する空間領域のことを、電気的・磁気的現象が生起する場所という意味で、電場・磁場——あるいは、両者を総称して電磁場——と呼んだ。こうして導入された電気的・磁気的な「場」の概念には、もともと、「媒質が存在する場所」という消極的な内容しか与えられていなかった。電磁気現象の担い手は場そのものではなく、あくまで場に満ちている媒質だと考えられていたのである。しかし、研究を進めるうちに、マクスウェルは、電磁気の媒質が、現実の物質とは思えないほど奇妙な性質を示すことに気がつき始める。例えば、その中を他の物体が何の抵抗もなくすり抜けていくほど希薄であるにもかかわらず、どうしても圧縮することができないといった点である。じきに、マクスウェルは、電磁気の担い手が空間を満たしている媒質だと見なすのを止め、場所を伝わっていく電磁気の作用を数学的に表すだけで充分だと考えるようになる。このような見解は、1864年の論文「電磁場の動力学的理論」に集大成されている。

電磁場の状態は、場所xと時刻tの関数となるベクトル（向きと大きさを持つ量のことで、本書では太字で示す）で表される。マクスウェル自身の用語法とは異なるが、ここでは、場の概念を現代風に拡張して、電磁気的な状態を表すベクトル関数 $\boldsymbol{E}(t,x)$ と $\boldsymbol{B}(t,x)$ を電場・磁場と呼ぶことにしよう。

電場と磁場は、あらゆる場所 x とあらゆる時刻 t で定義される。現代の物理学教科書においてすら、「この場所には電場や磁場が存在しない」という言い方が当たり前のようにされているが、この表現は誤解を招きやすい。ここで「存在しない」と言われているのは、正確には、$\boldsymbol{E}=\boldsymbol{0}$ または $\boldsymbol{B}=\boldsymbol{0}$ と表されるような「電場・磁場の強さがゼロ」の状態のことなのである。電場・磁場は、物質のように「存在するかしないかのどちらか」ではない。それは、いついかなる所にも存在する。ただ、その強さがゼロから無限大にまで連続的に変化するのだ。

マクスウェルは、ファラデーらが発見した電磁気の法則を $\boldsymbol{E}(t,x)$ や $\boldsymbol{B}(t,x)$ を用いた数式で表現し直し、これらを美しい方程式のセットにまとめることに成功した。[2] これが有名なマクスウェル方程式であり、現在でも、原子レベルのミクロな効果が表面化しない範囲で、あらゆる電磁気現象を正しく記述することができる。この理論によると、電荷や電流による電磁気的な作用が、空間を飛び越えて離れた物質に直接及ぼされることはない。電荷や電流が存在すると、まず、これに接触している電磁場が作用を受ける。そこから電磁場の変化が周囲にジワジワと拡がっていき、その変化が別の物質の所まで達すると、そこではじめて作用を及ぼすことになる。

マクスウェルの方程式で特に重要なのは、磁場の変動が電場を生み出し、電場の変動が磁場を生み出すという相互的な誘起作用がある点だろう。この性質があるため、**たとえ物質が全く存在**

していなくても、振動する電場と磁場は、互いに相手を誘起しながら、どこまでも波として伝わっていくことが可能になる。この波は、電磁波と呼ばれる。

電磁波を発生させる最も簡単な方法は、正負の電荷を振動させる仕組みを使うことである。こうした仕組みを「振動子」と呼ぶことにしよう（「～子」とは、まとまりを持った具体的対象を表す語で、電荷が振動するので正確には電気的振動子と言うべきだが、長くなるので単に振動子としておく）。例えば、バネの両端に正電荷と負電荷を取り付けて振動させると、周期的に変動する電場と磁場が作り出されるが、この電場・磁場は、互いに相手を誘起しながら周囲に電磁波として伝わっていく。エネルギーの収支で見ると、これは、振動子が持っていた振動のエネルギーが、電磁波のエネルギーとして放出される過程である。

マクスウェルが、実験を通じて得られた電磁気作用の定数——現在では誘電率・透磁率と呼ばれるもの——を使って、この電磁波の伝播速度を計算してみたところ、秒速31万740キロという値を得た。これは、1849年にフィゾーによって測定された光の速度、秒速31万4858キロにきわめて近い（現在の値は秒速29万9792・458キロ）。このため、マクスウェルは「光は電磁波の一種である」と主張した。当時、光は、宇宙空間をも伝わる波動であることが知られていたものの、その実体が何であるか定説はなかった。その正体がマクスウェル電磁気学によって解き明かされたことから、理論の信頼性が急速に高まっていく。

マクスウェルは、原子論（気体分子運動論）と場の理論（電磁気学）という2つの基礎理論をはじめとして、物理学のさまざまな領域で比類のない業績を上げたが、1879年に48歳でガンのため早世した。この年は、奇しくもアインシュタインが生まれた年である。

電子の発見

物質は原子から構成されており、力は場によって伝えられる――マクスウェルが作り上げた理論からは、このような世界像が予想される。しかし、この段階では、まだ原子同士がどのように結合しているかは謎に包まれており、物質と力の一般論について語るのは時期尚早だった。事態が進展を見るのは、19世紀も終わり近く、実験物理学が進歩して原子に関するデータが急速に集積され始めてからである。

中でもエポックメイキングな実験となったのが、1897年にジョゼフ・ジョン・トムソン（J・J・トムソン　1856〜1940）が行った電子の比電荷（電荷と質量の比）の測定である。電荷を持った粒子の存在を仮定することで電気分解などの電気化学的現象を説明しようというアイデアは以前からあったが、この仮想的な粒子が現実的な電子として姿を現したのは、このときが初めてである。

J・J・トムソンが利用したのは、陰極線である。内部を真空にしたガラス管にプラスとマイナスの電極を取り付け、電極間に電圧を加えて強い電場を発生させると、マイナス極（陰極）からビーム状の何かが飛び出すことが観測される。これが陰極線であり、19世紀半ばからその正体を巡って論争が繰り広げられていた。J・J・トムソンは、陰極線が負電荷を持つ高速の粒子と同じように磁場によって向きを変えること、陰極線を検電器に導くと負の電荷が測定されることなどから、これが膨大な数の負電荷を持つ粒子の流れだと結論した。さらに、電場や磁場によって陰極線がどれだけ曲げられるかというデータを元にして電子の比電荷を求め、電子の質量が原子と比べてかなり小さいことを示した。

こうして、19世紀末には、物質と力に関する1つの描像ができあがってくる。物質を構成する原子には電気的な内部構造があり、負電荷を持った多数の軽い電子と、正電荷を持つ別の粒子から成り立っている。正電荷の粒子の正体は、電解質が水に溶けるときにできるとされた仮想的粒子のイオンではないかという説もあった。原子が電子とイオンという2種類の粒子から成るという見方は、物質が分割不能な粒子からできているという原子論の拡張版である。さらに、原子同士を結びつける力は、電子やイオンが作り出す電磁場を介して伝えられる電気的な相互作用だとされた。原子と場の二元論的な世界像が、具体的に形作られたのである。

一方に物質を構成する小さな粒子があり、他方に粒子間の力を媒介する場がある。原子と場という考え方は、直観的なイメージに馴染みやすい。しかしながら、このシンプルな二元論は、20世紀の幕開けとともに音を立てて崩れ始めた。**新世紀の物理学は、粒子性と波動性が必ずしも排他的な性質ではなく、単一の物理現象の2つの側面であり得ることを示した**のだ。粒子的な原子と波動的な場といういかにも相容れがたく思われる2つの要素も、実は深いところで1つにつながっているのではないか？　そんな考えも囁かれるようになる。こうして、原子と場を1つの概念に統合しようとする物理学者たちの知的な闘いが始まったのである。

第1章　粒子としての光――アインシュタイン

1905年、粒子性と波動性が必ずしも排他的ではないという革新的なアイデアが提唱される。提唱者は、スイスの首都ベルンの特許局に勤務する無名のアマチュア物理学者だった。アルベルト・アインシュタイン（1879〜1955）である。

アインシュタインは、その5年前にチューリッヒ工科大学を卒業していたが、興味のある分野しか勉強しない性格が災いして、研究者として大学に残ることができなかった。知人の口利きで特許局に就職し、電気関係の出願書類を審査する職務をこなす傍ら、わずかな空き時間を利用して図書館で文献を読みあさり、物理学の勉強を続けていた。「奇跡の年」と呼ばれる1905年、彼は、3つの画期的な理論を発表する。同時性の概念に変革を迫った特殊相対論、原子が実在することを実証するブラウン運動の理論、そして、光が粒子性と波動性を併せ持つという光量子論である。特殊相対論やブラウン運動の理論は、アインシュタインがいなくても、数年以内に別の物理学者によって考案されただろう。しかし、光量子論は、彼以外に思いつける人が誰かいたか疑わしい。そう感じられるほど、それまでの常識から懸け離れた突飛な内容だった。

アインシュタインの発想がいかに飛躍していたかは、当時、光がどのようなものとして捉えられていたかを知ると納得できるだろう。

17世紀にニュートンが光は粒子の流れだと主張して以来、「光の粒子説」は100年以上にわたってヨーロッパの学界を支配したが、19世紀初頭になると、ニュートンの権威を以ってしても抑えきれないほど、光が波であることを示す実験的証拠が集まってきた。特に有名なのは、1805年頃にヤングが行った二重スリットの実験である。光源から放射された光を2本の平行なスリットに通すと、背後にあるスクリーン上に濃淡の縞模様ができる。これは、別々のスリットを通った光が干渉して生じる現象であり、バラバラに飛んでくる粒子では起こるはずのないものである。1818年にはフレネルが光の波動説を数学的な理論として展開し、しだいに光が波だという見解が受け容れられるようになる。

決定的な進歩は、序章で述べたマクスウェルの電磁気学によってもたらされた。電磁場の方程式を解くことにより、光の正体が、電場と磁場の振動が伝わっていく過程だと判明したのである。古典物理学の金字塔とも言えるこの理論に対して、19世紀末から20世紀初頭の物理学者は、絶大な信頼を寄せていた。量子仮説を最初に提唱したマックス・プランク（1858〜1947）や特殊相対論の一歩手前まで到達していたヘンドリック・ローレンツ（1853〜1928）も、マクスウェルの電磁気学に修正を加える必要性を全く感じていなかった。ところが、アインシュタインの光量子論は、マクスウェルの権威に真っ向から立ち向かうものだった。

少し先回りして要点だけ述べると、光量子論とは、光を、空間のある地点に局在するエネルギーの塊（エネルギー量子）の集まりと見なす理論である。直観的な言い方をすれば、光は粒子のようなものだということになる。これは、100年前に打倒されたはずの古くさい光の粒子説を復活させる理論と受け取られかねない。

アインシュタインの理論に対する当初の反応は、冷笑と黙殺に近いものだった。それを象徴するのが、アインシュタインをプロイセン科学アカデミー会員に推挙する請願書である。1913年にプランクら4人の物理学者の連名で書かれたこの文書は、「現代物理学の主要な問題のどれをとっても、アインシュタインが卓抜した貢献をしていないものはほとんどありません」と最大級の讃辞を贈りながら、「光量子仮説のように、彼といえどもときには的はずれの推論をすることもありますが」と言い添えている。ローレンツやウィルヘルム・ウィーン（1864〜1928）といった著名な物理学者は、おしなべて光量子論に批判的だった。大御所たちだけではない。プランクの助手でアインシュタインより一足先にノーベル物理学賞を受賞する同年齢のマックス・フォン・ラウエ（1879〜1960）ですら同様である。1907年の比熱の論文を読んでアインシュタインが光量子論を放棄したと勘違いした彼は、「あなたが光量子論をあきらめたことで私がどんなに喜んでいるか伝えたいと思います。ご存じのように、私はずっとそれを無用のものと思っていましたから」とわざわざ書き送ったほどだ（1907年12月27日付けアインシュタイン宛書簡）。実際には、アインシュタインは光量子とは別の量子論を論じただけなのだが。

光量子論の評判がすこぶる悪かったのも、無理からぬことだ。電磁波は、電場と磁場が相互に振動を誘起しあうことで発生する。バラバラに飛び交う光の粒子が、どうやって振動を誘起させられると言うのか。1901年、マルコーニが大西洋を越えて無線通信を行った際に利用した電磁波の波長は360メートルもあったが、この長大なうねりの中で、光の粒子たちはどのように編隊を組んで波の形を維持していたのか。あるいは、ヤングの二重スリットの実験で、いったん二手に分かれた光の粒子が、再び出会ったときにどのように連絡を取り合って明暗の縞模様を作れるのか。どう考えても、アインシュタインに勝ち目はなさそうだ。

にもかかわらず、物理学の歴史が示すように、**光量子論は、近代と現代を分かつ科学革命の幕開けを告げる**ことになる。実は、この理論を、「光とはバラバラに飛んでくる粒子の集まりだ」と素朴に解釈するのが、そもそもの間違いなのである。光量子論とは、「光はエネルギーの塊のように振舞うが、単なる粒子ではない」といういささか捉えどころのない理論であり、自己矛盾をはらんでいるとも思えるこの多義性が、ニールス・ボーアやルイ・ド・ブロイらによる量子論の次なる発展を可能にしたのである。

アインシュタインがいかに天才だとは言え、光量子論を一人で作り上げることはできるはずもない。これに先立つものとして、ウィーンとプランクという二人の先駆者の業績を挙げておかねばならない。喩えて言えば、ウィーン、プランク、アインシュタインによる三段跳びの要領で、巨大な跳躍をなし得たのである。

黒体放射の問題

三段跳びのホップの役割を果たしたのは、ウィーンである。

東プロイセンの農場主の家に生まれたウィーンは、ベルリン大学のヘルムホルツの下で研鑽を積み、1900年にはレントゲンの後任としてヴュルツブルク大学の教授に就任、晩年にはドイツ物理学会の会長も務めたという折り紙付きの正統派物理学者である。彼が特に関心を寄せたのが、「黒体放射」の問題だった。

物質を加熱すると、注入した熱エネルギーの多くは物質の温度を上昇させるのに費やされるが、一部は電磁波のエネルギーとなって外部に放出される。これが「放射（熱放射）」と呼ばれる現象である。現実に存在する物質の場合、表面で起きる複雑な反応のせいで、どのような電磁波が放出されるかを理論的に求めることは難しい。そこで、グスタフ・キルヒホッフ（1824～87）は、議論を始める手がかりとして、外から照射された電磁波をいっさい反射することなく吸収してしまう仮想的な物体について考えることを提案した。この仮想的物体が「黒体」である。

黒体は、光を全く反射しないので、常に真っ黒に見えそうなものだが、実はそうではない。物質は電荷を帯びた電子やイオンから構成されており、これらが熱で振動するため、振動子となって電磁波を放出するからである。これが黒体放射である。温度が低いときは、目に見えない赤外線（可視光線より波長の長い電磁波で熱線とも呼ばれる）が中心となるが、数百℃に加熱されると赤みを帯び始め、1000℃を越えると赤から紫に至る全ての可視光線を強く放射するために白く輝いて見える。どんな物質でも、1000℃以上の高温になると、黒体放射とほぼ等しい熱放射を行うことが知られている。溶鉱炉の中にあるドロドロに溶けた鉄も、高温のガス体である太陽の光球も、黒体放射をしていると言って良い。

19世紀後半のドイツでは、多くの物理学者が黒体放射の問題に没頭していた。黒体放射に学界の関心が集まっていた背景には、製鉄業の興隆がある。当時のドイツでは、1871年に普仏戦争の勝利で獲得したアルザス・ロレーヌ地域の石炭と鉄鉱石を利用して、製鉄業が盛んになっていた。製鉄の工程で鉄の品質を保つために重要なのが、温度管理である。経験を積んだ職人なら、「色が白っぽいから出銑に適した温度」などと目で見て判断できるが、このやり方では、誰もが適切な作業を行えるというわけにはいかない。さりとて、1000℃を越す溶鉱炉の内部にふつうの温度計を持ち込むこともできない。そこで、黒体放射の理論に基づいて正確に温度を判定する技法の開発が、物理学者に求められたのである。

熱力学によれば、黒体放射の場合、ある波長の電磁波がどれだけの強度（電場・磁場の振幅の2乗）になるかは物体の温度だけで決まる。したがって、波長ごとの強度分布が温度によってどのように変化するかを表す式さえ得られれば、ある波長での強度の測定値を使って温度を計算できるはずである。問題は、黒体放射の強度分布が簡単な式で表されるかどうかだ。

製鉄業者の期待とは裏腹に、強度の式を求めることは困難を極めた。原子構造も未知だった時代のことでもあり、何をどうすれば良いかわからないまま、取って付けたような仮定を置いては根拠のはっきりしない計算をするだけで精一杯だったのだ。こうした試みを繰り返していた物理学者の一人がウィーンである。

ウィーン分布の発見

ウィーンは、少し風変わりな発想をする学者だった。彼の優れた業績の1つに、黒体放射における「ウィーンの変位則」の発見（1893年）がある。ウィーンの変位則とは、強度が最大に

図1 ウィーンが思考実験に用いた装置

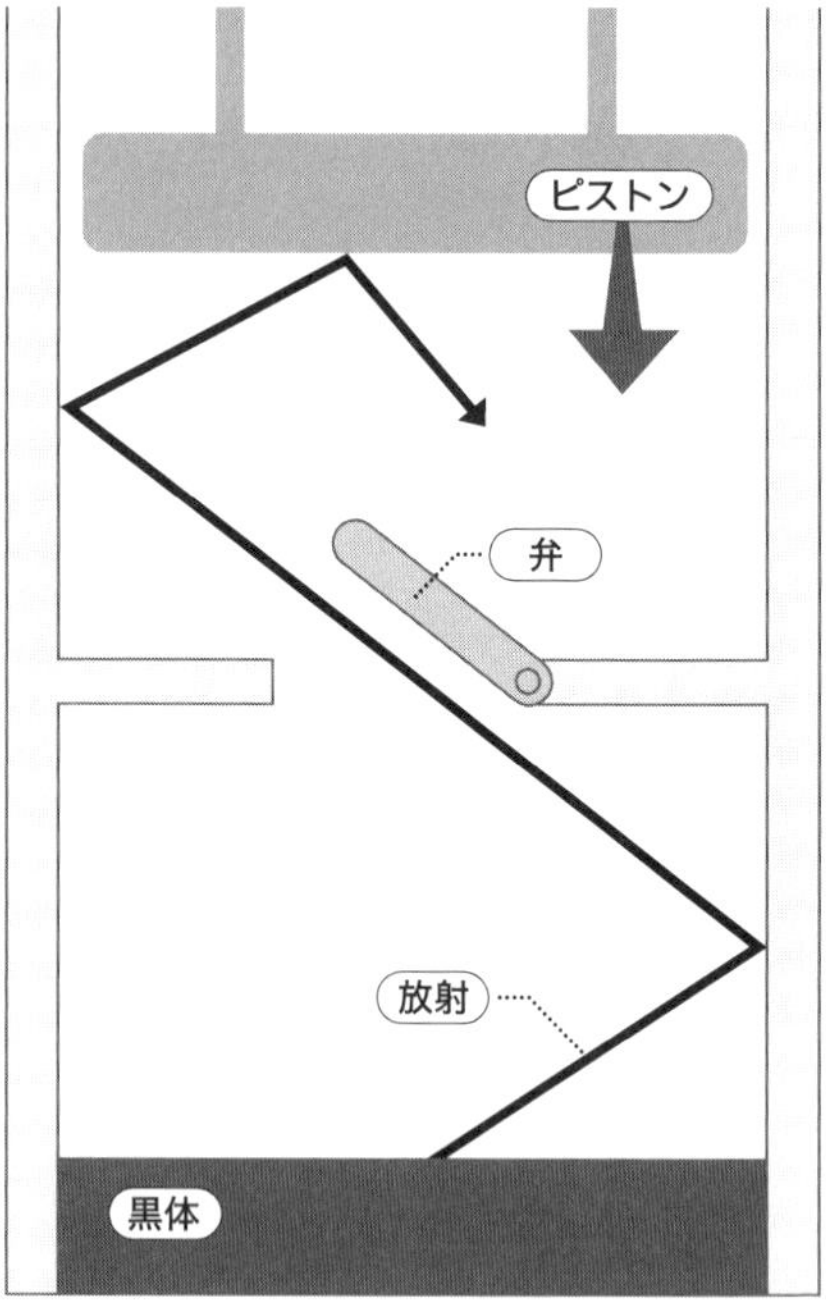

なる波長とそのときの温度の関係を簡単な式で表した法則で、今なおそのままの形で通用する。この変位則を導くに当たって、ウィーンは、奇妙な装置を使う実験を考えた。

まず、内部が真空のシリンダーを用意する。その底は、温度が一定の黒体でできており、黒体放射によってシリンダー内部に電磁波を放出している。シリンダーには、弁のついた隔壁や、自由に動かせるピストンなどが取り付けられている。シリンダーの内壁や隔壁、ピストンは、あらゆる電磁波を乱反射する反射材で作られており、シリンダー内部に電磁波を閉じ込めることができる。ウィーンは、この装置を用いて、弁を開け閉めしたりピストンを動かしたりして、電磁波をまるで気体か何かのように操作することを考えた。最終的には、動くピストンによって電磁波が反射される際のドップラー効果（波源が動いていると波長が変化するという効果）と、ピストンを押し込む際にする仕事から求められる温度変化の計算式を突き合わせて、ウィーンの変位則を導いたのである。

もちろん、電磁波を気体のように扱うこんな実験を実際に遂行することは不可能だ。あくまでも頭の中で行う仮想的な実験——いわゆる思考実験である。電磁波を容器の中に閉じ込めて熱力学的な関係式を導くという思考実験は、これ以前にキルヒホッフが行っているが、それと比較しても、ウィーンの思考実験はとびきり変わっている。どこと言って誤りはないのだが、まるで手品のように鮮やかな——と言うよりは、何か騙されたような気分になる——論法である。ウィーンの面目躍如と言ったところだ。

1896年、ウィーンは、さらにトリッキーな議論を駆使して、黒体放射の強度分布を求めようとした。今度は、容器の中に気体と電磁波を閉じ込めることを考え、気体分子が一種の黒体として電磁波を放出・吸収していると仮定した。ここまでは、まあ良いだろう。しかし、ウィーンは、強度分布を計算するために、「ある分子が放出する電磁波の波長と強度は、その分子が持つ速度だけで決まる」という仮定を付け加えたのである。現在の知識によれば、分子がどのような電磁波を放出するかは、分子内部にある電子のエネルギー状態に依存しており、分子自身が持つ速度と直接の関係はない。したがって、この仮定は全くの誤りである。より保守的な論法で黒体放射の問題と取り組んでいたレイリー卿（ジョン・ウィリアム・ストラット　1842〜1919）は、1900年の論文で、「（ウィーンの議論は）理論的な観点から見ると、単なる推測以上のものではないように思える」と手厳しく批判した。にもかかわらず、ウィーンが導いた強度分布の式（ウィーン分布）は、なぜか測定データとかなり良い精度で一致していた！

ウィーン自身がどこまで自覚していたか定かではないが、電磁波の波長と強度が分子速度の関

数になるという誤った仮定を置いた結果として、放射の強度分布は、気体分子運動論におけるマクスウェル分布の式と良く似たものになっていた(1)。細かな点を無視すると、両者の違いはただ1箇所、気体分子の運動エネルギーの代わりに、放射の振動数ν《ニュー》に比例する項（後に採用される記法を使えば$h\nu$）が現れていたことである。ここで、電磁波の振動数とは、電場や磁場が1秒間に振動する回数のことで、波長と振動数は、

波長×振動数＝光速

という関係式（1回の振動の間に波は1波長分だけ進むので、1秒間には波長×振動数だけ進むという式）で結ばれている。

放射の強度分布が気体分子運動論の式と良く似ていたという事実こそ、アインシュタインに光量子論を思いつかせる直接のきっかけとなったものである。誤った仮定が偉大な発見への道を拓いたとは、何とも皮肉なことだが、試行錯誤だけが前進のための手段となる最先端科学の世界ではよくある話だ。ラウエの言葉を借りれば、「彼（＝ウィーン）がわれわれを量子論の入り口まで導いた」のである。幾分か僥倖めいたところもあるが、ウィーンは、黒体放射についての一連の業績が認められて、1911年にノーベル物理学賞を受賞する。

ウィーン分布の改良

三段跳びのステップを跳んだのは、プランクだった。

ウィーン分布は、当時の測定データと見事に一致していたが、ウィーンの怪しげな議論に満足

できない物理学者たちは、なぜデータと一致するかをきちんと説明できる理論を模索していた。そうした中で、プランクは、ある熱力学的な量Rが、放射を行う物質内部のエネルギーUに反比例する（$R \propto 1/U$）と仮定すれば、そこからウィーン分布が導けることに気がついた(2)。彼は、この仮定が黒体放射理論の基盤となるべき式だと信じる。

ところが、1899年に入ると、それまでより遥かに高温（2000℃以上）かつ低振動数（波長が0・01ミリ以上の遠赤外領域）での計測がドイツ物理工学研究所で行われ、ウィーン分布からのずれが見られるとの報告がなされた。これを知ったプランクは、新しい分布法則を見つけるべく研究に着手する。

すでに述べたように、$R \propto 1/U$と置くとウィーン分布が導かれる。ところが、物理工学研での測定データによると、Uの値が大きいところで、RはUではなくU^2に反比例するように見えた。そこでプランクは、さしたる根拠がないにもかかわらず、$R \propto 1/U(1+aU)$と置いてみた。この場合、aUがゼロに近く$1+aU \fallingdotseq 1$と置ける領域では、RはUにほぼ反比例する。一方、aUが1よりずっと大きくなって$1+aU \fallingdotseq aU$となるときに

図2 ウィーン分布とプランク分布

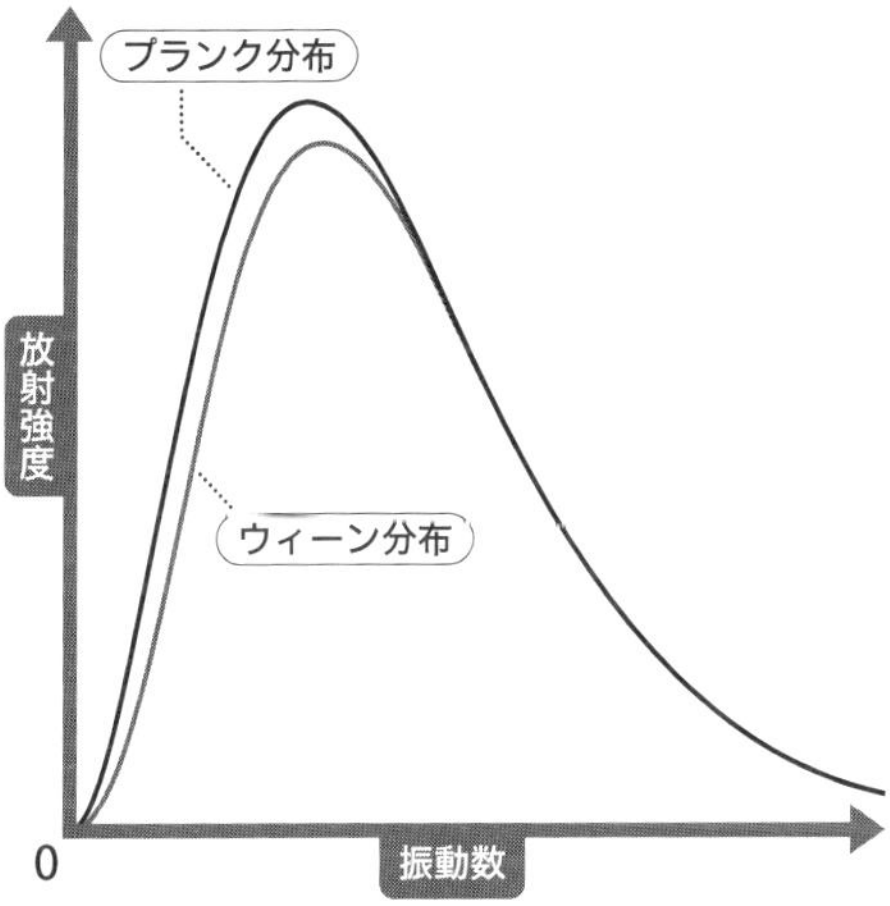

は、RはU^2にほぼ反比例する。この式を仮定したときに強度分布がどうなるかを計算してみたところ、驚くべきことに、振動数の全領域でデータとピタリと合う式が導かれたのである。これが「プランク分布」である。[3] 彼は、1900年10月の物理学会の際、予定になかった飛び入り講演で、この「ウィーン分布の改良」について発表した。何人かの出席者は、プランクの講演が終わると直ちに計算に取りかかり、測定値と完全に一致していることを確認した。

プランクの量子仮説

プランクは、ベルリン大学でヘルムホルツやキルヒホッフに師事し、1892年には同大学の物理学教授となり、後年にはドイツ物理学会会長を務めた。ドイツ理論物理学の伝統を担う立場にあったプランクは、「新しく見つけた分布法則は、なぜだかわからないが測定値と一致する」と言って済ませることができなかった。なぜこのような分布が実現されるのかを、真摯に理解しようとしたのである。ノーベル賞講演での表現によれば、分布法則を発見してから、さらに「数週間にわたって生涯で最もハードな仕事」を続けることになる。そして、遂に「暗闇に光が射し込み、それまで想像もつかなかった新しい展望が目の前に開けてきた」という。この分布法則が、ある大胆な仮説から導けることに気がついたのだ。その仮説とは、次のようなものである。

プランクは、黒体内部で電磁波を放出・吸収しているのは、電子やイオンで構成された振動子だと推測した。バネにおもりを取り付けると、バネの強さとおもりの質量によって決まる固有の振動数で振動するが、それと同じように、電子やイオンから成る振動子も、ある固有振動数で振動するだろう。無数の振動子が持つエネルギーを全て併せた中で、何%のエネルギーが固有振動数νの振動子のグループに割り当てられるかは、ボルツマンが開発した統計力学を使って計算することができる。ところが、従来の方法に基づいて振動子のエネルギーを計算しても、プランク分布と一致する結果は得られない。プランク分布と一致させるためには、**振動子の持つエネルギーが、ある「エネルギー要素」の整数倍でなければならない**のである[4]。**このエネルギー要素を表すために、プランクは、後に「プランク定数」と呼ばれる定数hを導入した。固有振動数νの振動子は、エネルギー要素$h\nu$の整数倍、すなわち、$h\nu, 2h\nu, 3h\nu$…といったとびとびのエネルギーでしか振動できないというのだ。これがプランクの仮説である。**

この仮説は、それまでの物理学の常識から外れたものだった。というのも、ニュートン力学やマクスウェル電磁気学において、粒子の位置や場の強度のような量は連続的に変化させられる。例えば、通常のバネに取り付けられたおもりならば、おもりを引っ張って手を放す位置を調整しさえすれば、どんなエネルギーで振動させることも可能なはずである。ところが、プランクによれば、物質内部の振動子はそうではなく、なぜか振動の仕方が制限され、$h\nu$の整数倍のエネルギーしか持てないという。このように、物理量がとびとびの値に限られることは、「量子化」と呼ばれる（「量子」という言葉の由来は、後で説明する）。プランクが提案したのは、史上初の量子化に関する仮説（量子仮説）だった。物理学の理論に、非連続的な量を導入したこと——これが、19世紀から20世紀への決定的な転回点になったのだ。

量子化という振舞いが顕著になるのは、プランク定数hによって特徴づけられるミクロの世界である。人間のスケールからすると、hの値（6.626×10^{-34}ジュール秒）は途轍もなく小さい。可視光線の場合、$h\nu$の値は、数ワットの豆電球が１秒間に消費するエネルギーの１０００京《けい》分の１程度にすぎないので、エネルギーが$h\nu$の整数倍になるという量子化の効果が実感されることはない。しかし、原子の世界において、hの値は決して小さくない。原子レベルの現象は、hの大きさが無視できない結果として、日常的な世界とは隔絶したものとなっている。

定数hの導入という画期的な業績を成し遂げたプランクだったが、実は、ある本質的な点を見誤っていた。$h\nu$の整数倍のエネルギーでしか振動できないのは、彼が考えたような電子やイオンから成る振動子ではなかったのである[5]。何がとびとびのエネルギーで振動しているかが明らかにされるには、アインシュタインの登場を待たなければならない。

ともあれプランクは、20世紀が目前に迫った１９００年12月14日の学会講演で、いわゆる量子仮説を発表した。この日付を量子論の誕生日とする科学史家も多い。

もし科学の世界に幸運の女神がいるとすれば、彼女は、間違いなくプランクにほほえみかけていたはずだ。プランク分布の式を見いだしたのも、この式を量子仮説と結びつけたのも、論理的な思索の所産というよりは、思いつきがうまくいった結果だという感が強い。量子仮説は内容がいささか突飛だったこともあって受容が遅れたが、最終的には「量子論の父」と呼ばれ、１９１８年にノーベル物理学賞を受賞したのだから、幸運の女神はよほどプランクが気に入ったようだ。

しかし、幸運だったのは研究の分野に限られていた。プランクの後半生は、悲運の連続だった。最初の結婚で４人の子供に恵まれるが、息子の一人は第一次世界大戦で若くして戦死し、それから2年のうちに、双子の娘が嫁ぎ先での出産の際に相次いで亡くなる。残った息子も、ナチス政権下、ヒトラー暗殺計画に荷担した罪でゲシュタポに虐殺された。プランク自身は、第二次大戦中も「全ドイツの知の中心」たるベルリンに留まっていたが、空襲で自宅は破壊され、アインシュタインからの書簡を含む多くの貴重な記録類が灰燼に帰した。

アインシュタインのエウレカ

プランクが提案した分布法則は、黒体放射の振舞いを完全に再現するものだったが、プランク自身は、自分が発見した式の意味を正しく理解することはできなかった。プランク分布の意味を明らかにするためには、正統派のレールから逸脱したアインシュタインによる巨大なジャンプが必要だった。

1905年にアインシュタインが光量子論を提唱した論文のタイトルは、「光の発生と変換に関する発見法的な観点」となっている。ここで、「発見法的」と訳した heuristisch という言葉は、演繹や帰納に基づく厳密な論理的思考ではなく、類推や直観を頼りに問題解決の道筋を発見していくやり方を指すが、もともとは、アルキメデスが「アルキメデスの原理」を発見したときに叫んだと言われる「見つけた」という意味の古代ギリシャ語「エウレカ」に由来する。アインシュタインも、光量子論のアイデアを思いついた時、アルキメデスと同じように叫んだかもしれない。

興味深いことに、アインシュタインは、光量子論に至る発想の大部分を、プランクではなくウィーンに負っていた。ウィーンは、電磁波を気体のようにシリンダーに閉じ込めて圧縮するという思考実験を考案したが、アインシュタインは、こうした思考実験に熱力学の式を適用する方法を模索していた。そのさなかに、電磁波の熱力学的な振舞いが気体と良く似ていることに気がついたのである。(6) これが彼の〝エウレカ〟である。気体は、まるで空間を隙間なく満たす連続体のように見えながら、気体分子運動論の計算結果が測定データと一致することから、自由に飛び回る分子の集まりであることが実証できる。同じように、電磁波の場合も、多くの観察が波であることを裏付けてはいるが、熱力学的に粒子の集まりのような振舞いを示すならば、その結果を重視すべきではないのか？　アインシュタインは、物理学のさまざまな分野の中で熱力学の原理に最大の信頼を置いていた。彼は、自分の直観を信じて、電磁波が、自由に飛び回る粒子のようなエネルギーの塊から成り立っていると結論したのである。

もっとも、光量子論の論文は、他の物理学者に理解してもらおうという気配りに欠けていた。自身の〝エウレカ体験〟があまりに強烈だったせいか、アインシュタインは、発見に至るまでの思考の道筋をそのまま論文に書き記している。このため、すでにプランク分布に取って代わられたはずのウィーン分布に関する熱力学的な議論が、何ページにもわたって続けられることになった。この論文を読んだ物理学者たちがいかにも鼻白んだであろうことは、想像に難くない。光量子論が学界でなかなか受け容れられなかったのも、致し方なかろう。

光量子論

アインシュタインの主張によれば、振動数νの電磁波は、マクスウェル電磁気学で表されるような滑らかな波動ではなく、孤立したエネルギーの塊（エネルギー量子）が数多く集まった集団のように振舞う。それぞれのエネルギー量子の大きさは、プランク定数hを使うと$h\nu$と表される。

要素的なエネルギーが$h\nu$になるという点で、プランクとアインシュタインの理論は共通しているが、その内容は、決定的と言って良いほど異なっている。**プランクがエネルギー要素の担い手として物質内部の振動子を想定していたのに対して、アインシュタインは、電磁波自体がエネルギーの塊になると考えた**のである。

プランクの議論は、かなり保守的な面を持っている。当時は、原子の構造が全くわかっていなかったので、エネルギーがとびとびの値になるという不思議な振舞いの原因を、いまだ未知なる原子の性質に押しつけているからだ。彼は、電磁波によって振動子がどのように共振するかをいろいろと考察しているが、その際に、電磁波そのものがマクスウェル方程式に従う滑らかな波であることを、全く疑っていない。これに対して、アインシュタインは、すでに確立されたと思われていたマクスウェル電磁気学そのものが不完全だと喝破した。物質内部の振動子が熱で振動すると、それが周囲の電磁場に伝わり滑らかな波動となって拡がっていく——のではなく、なぜか$h\nu$のエネルギーの塊になってポロポロと飛び出してくるというのだ。プランクが固執した「粒子的な原子と波動的な場」というわかりやすい二元論が、ここで崩れ始めたのである。

単に内容が異なっているだけでなく、アインシュタインは、そもそもプランクの量子仮説自体が気に入らなかったようだ。後に、「当時、プランクの放射理論は、ある点で私の研究と対立するように思われた」と書いているように、自分の光量子論は、プランクの仮説とは全くの別物だと考えていた節がある。エネルギーの要素が $h\nu$ になることを最初に指摘したのはプランクなのに、アインシュタインは１９０５年の論文でそのことに触れず、まるで自分のオリジナルな仮説であるかのようにエネルギー量子について論じている。これは、研究者のマナーに著しく反する行為である。また、プランクが導入した h という定数をあえて使おうとせず、$h\nu$ の代わりに、高校化学でお馴染みの気体定数 R やアボガドロ数 N を用いた $R\beta\nu/N$ というやや見苦しい表記を何年も続けていた（β はウィーン分布に現れる定数）。１９０６年の論文では、プランクの方が先にエネルギー要素というアイデアを導入したと認めたものの、理論に内部矛盾があることを批判している。[7]

アインシュタインがプランクの量子仮説に対して批判的であったのと同じように、プランクもまた、あまりに革新的なアインシュタインの光量子論をなかなか認めなかった。それでも、プランクが早くから特殊相対論の重要性に着目し、ドイツの物理学界で認知されるきっかけを作ったことなどもあって、実生活で二人は良好な関係を結んでいたようである。プランクは子供の頃から卓越したピアノ奏者であり、アインシュタインも好んでバイオリンを弾いていたが、あるとき、プロのチェリストを加えた３人で、ベートーヴェンのピアノ三重奏曲を演奏したという。生真面目なプランクと奔放なアインシュタインがどんなハーモニーを奏でたのか、いささか気になるところである。

光量子論の登場により、物理学の一大革命となる量子論の幕が切って落とされた。当初は見向きもされなかった光量子論だが、１９１６年、ロバート・ミリカン（１８６８〜１９５３）による光電効果の精密測定でアインシュタインが予想した通りの結果が得られてから、急速に受け容れられるようになる。アインシュタインは、有名な相対論ではなく、まさにこの光量子論の業績で、1921年のノーベル物理学賞を受賞する。

量子という言葉

光量子論に関するアインシュタインの論文は、「量子（Quant、英語では quantum）」という言葉が現在の意味で使われた最初のケースでもある。

アインシュタイン以前、Quant というドイツ語は単に「量」という意味で用いられていた。例えば、プランクの論文に Elementarquant という語が登場することがあるが、これは、電子の電荷や水素原子の質量のような「基本的な物理量」の意味で使われており、いわゆる量子とは関係ない。プランクは、量子仮説の論文で $h\nu$ をエネルギーの「要素（Element）」と記しており、Quant は使っていない。

1905年論文の前半で、アインシュタインは「エネルギー量（Energiequant）」という少し曖昧な表現で、粒子のように振舞うエネルギーの塊を表した。論文の後半になると、このエネルギーの塊が光の実体だというニュアンスを込めて、「光量子（Lichtquant、英語では light quantum）」という語も登場する。こうした言い回しを他の物理学者も踏襲するようになり、しだいに物理学用語として定着したのである。この意味での Quant を日本語で「量子」（粒子のように1つのまとまりになる量というイメージか）としたのは、けだし名訳だろう。

量子とは、古典物理学では連続的な値になるはずの量が離散的な（とびとびの）**値になったものを指す。このとき、あたかも量子であることの身分証明であるかのように、必ずプランク定数*h*が現れる。**

*h*がゼロでないことが、物理量が離散的になるために必要である。量子は、必ずしも粒子的なものとは限らない。第2章に登場するボーアの原子模型では、角運動量と呼ばれる回転の勢いを表す量が離散的になる。

物理量が離散的になることは、一般に「量子化」と呼ばれる（「エネルギーが量子化する」）。さらに、1920年代以降は、量子論的な現象を扱えるように理論の定義を変えることも「量子化」と言われるようになった（「場の理論を量子化する」）。

粒子性の解釈

アインシュタインの1905年論文には、光量子を仮定すると、3つの現象（光ルミネセンス、光電効果、光電離）の特性が簡単に説明できることが示されていた。特に、光電効果の説明は印象的である。

光電効果とは、紫外線（可視光線より波長が短く振動数の大きい電磁波）を金属などの固体に照射したときに、電子が飛び出してくる現象である。この現象には、いくつかの不思議な点があった。例えば、振動数がある値以下になると、どんなに振幅の大きい電磁波を照射しても電子が飛び出さない点である。金属内部にある電子は、ちょうど涸れ井戸の底にある石のようなもので、一定量以上のエネルギーを与えることにより、外部に飛び出させることができる。振動数が小さくても、振幅の大きな電磁波で強く揺さぶれば、外に飛び出してきそうなものなのに、そうならないのである。

アインシュタインは、電磁波が電子にエネルギーを与える際に、1個の光量子がそのエネルギー$h\nu$を丸ごと電子に与えると仮定することによって、この謎を説明した。振動数νが大きな値で、$h\nu$が電子を外部に放り出すのに充分ならば、光電効果が起きる。しかし、$h\nu$がそれほど大きくない低振動数の電磁波では、電子は放出できない。電磁波の振幅を大きくしても、飛来する光量子の個数が増えるだけで、個々の光量子のエネルギーは同じままである。したがって、光電効果を起こせないほど低振動数の電磁波では振幅をいくら大きくしても、次から次へとやってくる光量子が電子に小さなエネルギーを与えるにすぎない。ちょうど、井戸の底でピョンピョンと小さく跳ねているだけのようなもので、電子は外に飛び出せないのである。

光電効果の説明があまりに鮮やかだったために、光量子と言えば電子を弾き出す粒子のようなものというイメージが定着してしまったが、これは誤解の元である。光量子が1個ずつ独立にエネルギーの受け渡しを行うという仮定が通用するのは、光電効果を含むいくつかのケースに限られており、多くの電磁気的な現象では、光量子の個数を特定することすらできない。

電磁波を粒子の集まりであるかのように素朴にイメージすることの限界は、1909年にアインシュタイン自身が明らかにした。

黒体放射で満たされた容器内部の小さな領域を考えると、そこでの電磁波のエネルギーは、一定ではなくフラフラとゆらいでいる。アインシュタインは、このゆらぎが、エネルギー$h\nu$を持つ粒子がバラバラに飛んでくる場合と、マクスウェル方程式に従う滑らかな波動がゆらいでいる場合の和になっていることを示したのである。つまり、**電磁波は、純粋な粒子でも純粋な波動でもなく、その両方の性質が混じった何かだ**ということになる。

こうした不可解な性質を持つ電磁場とは、そもそも何なのか？　アインシュタインは、専門家でない人に向けた講演で、１つのアイデアを述べている。それによると、電磁場の真の方程式はマクスウェル方程式よりも遥かに複雑なもので、これを使えば、離散的なエネルギーの塊となる光量子を扱うことができる。マクスウェルの電磁気学は、光量子に比べて大きな範囲で電磁場を平均したときの近似的な理論にすぎないというものだ。

アインシュタインのこのアイデアは、あまりにも素朴すぎる。自然は、彼が想像したよりも奥深く、電磁場の真の方程式を解くだけで光量子論が導けるというほど単純ではなかった。しかし、光の粒子という実体が存在するのではなく、未だ知られていない複雑なプロセスを通じて光量子が生み出されるという直観は、誤っていなかった。

アインシュタインは、光量子論を提唱した後も、しばらく量子論の研究を続ける。１９０７年には低温での固体の比熱の振舞いを解明する「アインシュタイン模型」を、１９１６年にはレーザーの原理となる誘導放出の理論を発表し、この分野の第一人者であることを見せつけた。しかし、その後は、一般相対論や統一場理論に関心が移ったせいもあって、１９２４〜２５年の理想気体の量子論を最後に大きな貢献はなくなり、むしろ、学問の進歩に取り残されていく。

第2章　原子はなぜ崩壊しないのか——ボーア

アインシュタインの光量子論は、量子という アイデアを軸に、粒子（原子）と波動（場）の二元論を統一する方向に人々を導くはずのものだったが、そのことに理解を示す物理学者はなかなか現れなかった。光の理論として始まった量子論は、しばらくは光の問題を脇に置いたまま電子の理論として研究が重ねられ、1920年代半ばに、まず電子についての量子力学として一応の完成を見ることになる（第3章、第4章）。光量子論のブレイクスルーは、1920年代後半におけるヨルダンやディラックの研究まで待たなければならない（第5章）。

量子論の研究対象が電子に絞られるきっかけとなったのが、1913年に提案されたボーアの原子模型である。それ以前には、アインシュタインの光量子論はもちろんのこと、プランクの量子仮説もあまり信用されていなかったが、**ボーアの登場によって、量子に基づく考え方がミクロの世界を理解する上で不可欠だという認識が広まる**ことになる。

ボーア以前には原子はどのようなものと考えられ、そこにいかなる難点があったのか。ボーアの原子模型によって何が解決され、何が未解決のまま持ち越されたのか。本章では、こうした点を見ていきたい。

原子の中の電子

19世紀末に発見された電子は、いくつかの実験から、酸素原子や炭素原子の数万分の1の質量しかない超軽量の粒子であることが判明していた（現在の測定値によると、質量の値は0.9109×10^{-27}グラム）。電流や電気化学反応は、軽い電子が物質の内部をスイスイと動き回ったり他の物質に飛び移ったりすることによって生じると考えられる。それでは、電子と他の構成要素は、どのような関係にあるのだろうか？

電子は負の電荷を持つ。物質は全体として電気的に中性なのだから、電子の負電荷を打ち消すような正の電荷を持つ何かが存在していなければならない。さらに、磁場を加えたときの光学的な性質の変化から、少なくとも一部の電子は、物質内部で円運動していると推測された。ここから、原子は正電荷を持つ正体不明の「何か」と負電荷の電子から構成されており、いくつかの電子が円運動しているというアイデアが生まれてくる。

電子が持つマイナスの電荷は、一般に$-e$と表される。eは電気的な現象のユニットとなる量という意味で電気素量と呼ばれる（値は1.602×10^{-19}クーロン）。原子内部にある「何か」は、電気素量の整数倍の正電荷を帯びており、電子の数千から数万倍の質量を持つはずである。原子内の電子の個数は、現在では1個（水素原子）からたかだか100個までとわかっているが、当時は数十個から数百個、果ては数万個に至るまで、さまざまな説が乱れ飛んでいた。

具体的な原子の構造を初めて論じたのが、ジャン・ペラン（1870〜1942）である。1901年、彼は、中央に正に帯電した1ないし数個の重い核が存在し、その周囲にたくさんの軽い電子が回転しているというモデルを提唱した。これは、巨大な太陽の周りを小さな惑星が回る太陽系に似ているので、「太陽系モデル」と呼ばれる。

この太陽系モデルは、一見もっともらしく思えるかもしれないが、実は、致命的な欠陥を抱えていた。負電荷を持つ電子が回転運動を行うと、周期的に電磁場を揺さぶることになり、周囲へと拡がっていく電磁波を発生させる。電磁波はエネルギーを外に運び去るので、電子はエネルギーをしだいに失っていく。地球の周りを回る人工衛星は、空気との摩擦でエネルギーを失うと地表に落下してくるが、これと同じように、エネルギーを失った電子は、核の表面に落下し合体してしまうはずである。ニュートン力学とマクスウェル電磁気学に基づいて計算すると、電子が核に落ち込むまで、わずか100兆分の1秒しか掛からない。これでは、宇宙に存在する全ての物質が一瞬のうちに崩壊してしまう。このモデルは、明らかにどこかが間違っている。

長岡とトムソンの原子模型

崩壊することのない原子模型とは、どのようなものだろうか?

太陽系モデルの欠点を持たない原子模型は、1903年、東京帝国大学の教授だった長岡半太郎（1865~1950）によって発表された（ただし、彼はペランの研究を知らなかった）。長岡の「土星モデル」は、中心に正電荷を持った核が存在するという点ではペランのモデルと同じだが、周囲を回るのがバラバラの電子ではなく、数十~数百個の電子が集まってリング状になったものだった。バラバラの電子が回転運動を行うと、核と電子の間に生じる電場の向きが刻々と変化するため、電磁場が揺さぶられて波が発生する。しかし、電子がリング状に集まっていっせいに回転するならば、電荷の分布が変動しないので電磁波も発生しない。そう考えれば、確かに原子が一瞬のうちに崩壊しない理由が説明できそうである。

しかし、事態は長岡が考えたほど単純ではなかった。長岡が参考にしたのは、微小天体から構成されている土星の環が比較的安定に（現在の予測では数億年以上の寿命で）存在しているという事実だが、微小天体の間に弱い万有引力が作用しているのとは異なり、電子同士は強く反発しあうので、電子から成るリングは、土星の環のようには安定しない。何らかの理由でリングに少しでもゆがみが生じると、急激にゆがみが成長し始める。そうなると、リングの変形によって電場の乱れが生じて電磁波が放出され、エネルギーを失った電子が核に落ち込んでしまう。長岡は、電子リングを壊れにくくするため、中心にある核の正電荷が電気素量の数万倍ときわめて大きく、電子同士の反発力を打ち消してしまうと仮定した。中心核の周囲に数十〜数百個の電子から成る何本かのリングがあり、さらにその外側を数千〜数万個の電子が取り巻いて、全体として電気的に中性の原子になると考えたのである。それでも、リングの脆弱さを完全にカバーすることは困難であり、なぜ原子が壊れずにいられるかをきちんと説明することはできなかった。

太陽系モデルにせよ、土星モデルにせよ、電子が小さな核の周りを回っていると仮定すると、どうしても、核と電子が引き合って合体するという問題を避けられない。こうした問題を起こさない原子模型としてかなりの支持を集めたのが、J・J・トムソンが１９０４年に発表した「プラムプディング・モデル」である。

J・J・トムソンのモデルによると、原子は、正に帯電した大きな球体の内部を電子が自由に動き回るという構造をしている。これを誰かがプラムプディング（パン生地にナッツやドライフルーツを練り込んで蒸し上げたイギリスのクリスマス菓子）に見立てたようだが、この見立てはあまり適切ではないだろう。J・J・トムソンが想定した電子は、プラムプディングの中のナッツのようにポツリポツリと孤立してあるのではなく、電磁波が発生しないように何個かがリング状に集まって回転しているからである。むしろ、スノーグローブ（水で満たされた球形の透明容器に雪に見える白い小片を入れた玩具）の中で電子が輪を描いて舞うというイメージがピッタリなので、スノーグローブ・モデルとでも呼びたい。何らかの理由で電子のリングが壊れたとしても、バラバラになった電子がしばらく球体内部をフラフラと動き回っているうちに、周囲の電磁場からエネルギーを吸収してリングを再形成することができる。

このモデルでは、原子の本体となる大きな球体の中に電子が入り込んでいるので、中心に小さな核が存在するモデルのように、核と電子が合体して原子が崩壊する心配はない。しかし、決して壊れることのない頑丈な球体の内部を、なぜ電子が抵抗もなく動き回れるのか、納得のいく説明はなされなかった。結局、物理学者たちは、J・J・トムソンのモデルに代わるものを考案できないまま、原子の内部構造を明らかにする実験が行われるのをじっと待つしかなかったのである。

ガイガー＝マースデンの実験とラザフォードの解釈

1909年、ガイガーカウンターの発明者として有名なハンス・ガイガー（1882〜1945）と、当時はまだ学生だったアーネスト・マースデン（1889〜1970）の手によって、原子構造解明の第一歩となる重要な実験が行われた。この実験で使われたのが、α粒子である。α粒子とは、ウランやラジウムなどの放射性元素から高速で飛び出してくる粒子で、後にウランやラジウムの原子核の一部が壊れて外部に放出されたものだと判明した。

当時、α粒子に関する研究の第一人者として知られていたのが、アーネスト・ラザフォード（1871〜1937）である。当時すでに、α粒子ビームの透過力は小さく、ごくごく薄い金属箔は素通りするものの、厚さが1ミリもあれば紙や木でも簡単に阻止できることが知られていた。ラザフォードは、物質がα粒子を阻止する過程を、J・J・トムソンのプラムプディング・モデルに基づいて、「大きな正電荷の球体が互いにくっつきあうほど密集する中に飛び込んでいったα粒子が、球体に次々とぶつかって少しずつエネルギーを失い、最終的に停止してしまう」ものと理解していた。言うなれば、物質はα粒子を柔らかく受け止めてくれるというわけだ。

α粒子を柔らかく受け止めるというのが物質の性質ならば、照射されたα粒子が跳ね返されることなどないだろう——ラザフォードはそう予想したが、念のため、彼の下にいた学生のマースデンに実験させることにし、助手のガイガーに指導に当たらせた。実験装置はシンプルで、ラジウムから飛び出したα粒子を、鉛・金・鉄・アルミニウムなど8種類の金属板に照射し、跳ね返されたα粒子を蛍光板によって計測するというものだ。大変なのは、計測作業である。もしα粒子が跳ね返されて蛍光板にぶつかるならば、そのたびにチカッと光るはずである。実験者は、蛍光板をじっと見つめ続け、輝きの回数をカウントしなければならない。

どうせ何も起こるまいとの予想に反して、実験を始めると、直ちに金属に跳ね返されるα粒子が観測された。しかも、鉄やアルミに比べて比重の大きい鉛や金の方が効率的にα粒子を跳ね返しており、原子の性質が重要な鍵を握っているように見えた。

ガイガーはさらに実験を続け、次のような注目すべき結果を得た。厚さ0・0004ミリの金箔にα粒子のビームを照射すると、ほぼ全てのα粒子が事実上素通りする。入射方向からのズレの角度で最も多かったのは、わずか0・87度だった。しかし、2万個に1個の割合で、進行方向が大きく曲げられるものが存在する。つまり、α粒子から見ると、薄い金箔はほとんどスカスカだが、所々に、α粒子を跳ね返す小さくて重い塊があるかのようだ。これは、正電荷を持つ大きな球体が密集しているというプラムプディング・モデルでは説明の付かない現象である！

α粒子は、質量が電子の7000倍以上もあるので、そこらを飛び回っている電子など蹴散らして進んでいく。したがって、α粒子を跳ね返す小さな塊は、電子ではない。それは、物質

図3 ガイガーの実験

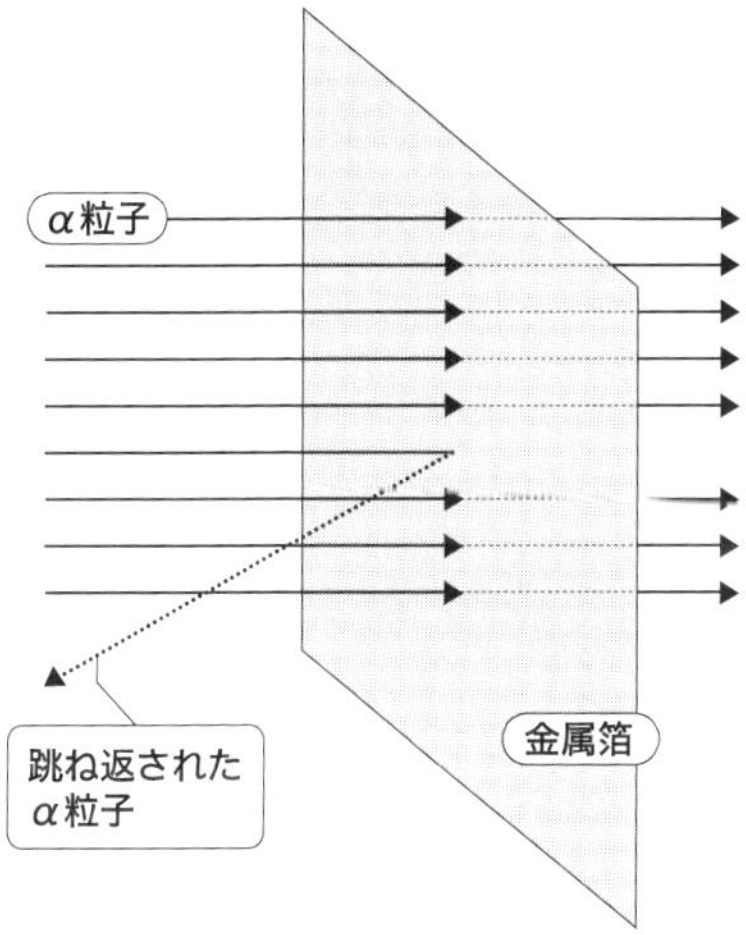

から電子を取り除いた後に残る何かであり、しかも、α粒子よりもずっと重くなければならない。この小さな塊――後の呼び方を用いるならば原子核（nucleus）――が原子の質量のほぼ全てを担っており、たまたまこれと衝突したα粒子だけが跳ね返されると考えると、α粒子の振舞いは理解できる。この見方が正しいのならば、核の周囲で動き回っている電子の拡がりに比べて、核の大きさは1万分の1程度でしかない。

1911年にラザフォードは、ニュートン力学に基づいて、小さくて重い原子核にα粒子が跳ね返されるプロセスを計算した。この計算結果とガイガーの測定データを比較して、ラザフォードは、金の原子核が持つ正電荷の大きさは、電気素量（電子の電荷の大きさ）の約100倍だと結論した。この値は、その後に判明した79という実際の値より大きいものの、原子核が電気素量の数万倍の電荷を持つという説を否定するには充分だった。

長岡―ラザフォード―ボーア

ラザフォードは、1911年論文の終わり近くで、長岡による土星モデルに言及している。長岡は、1910年、ヨーロッパ視察旅行の途上でマンチェスター大学にいたラザフォードを訪ねている。これがきっかけとなって、ラザフォードは、当時、欧米でほとんど知られていなかった土星モデルに興味を持ったのだろう。ただし、長岡の理論では、リングを安定させるために中心の電荷が電気素量の数万倍もあると仮定しており、ラザフォードの結果とは一致しない。原子の安定性という謎を解明するためには、何か本質的に新しいアイデアが必要だった。

この時期、ラザフォードに接触したもう一人の人物がいた。1912年の数ヶ月、デンマークからイギリスに留学していたニールス・ボーア（1885〜1962）である。

ボーアは、コペンハーゲン大学で物理学の学位を取得した後にイギリスに渡った。初めはキャヴェンディッシュ研究所のJ・J・トムソンの研究室に在籍したが、倍近い年齢のJ・J・トムソンとは反りが合わなかったようで、すぐにマンチェスター大学に移り、ラザフォードの指導の下で実験装置を組み立てたりα粒子に関する論文を執筆したりしていた。おそらく、この期間中に、α粒子が大角度で跳ね返されるというガイガー＝マースデンの実験結果と、それに関するラザフォードの理論を熟考する機会を得たのだろう。もしかしたら、長岡の土星モデルについての情報を得て、ニュートン力学の範囲で原子を安定させることの難しさを実感したのかもしれない。

ボーアによる原子構造の研究はデンマーク帰国後も続けられ、1913年に3部から成る大論文「原子と分子の構成について」に結実する。ボーアは、第1部の原稿が完成すると直ちにラザフォードに郵送し、発表の便宜を図ってくれるように依頼した。ラザフォードは、論文が長すぎることに難色を示し、ボーア宛の手紙で「イギリスには短く簡潔な表現を選ぶ習慣があります」と諌めたが、最終的には、その内容を評価して受け容れた。こうして発表されたのが、量子論の新たな段階を告げるボーアの原子模型である。

ボーアの原子模型

ガイガー＝マースデンの実験によれば、原子は、小さくて重い原子核と、その周囲にある軽い電子から構成されている。しかし、太陽系モデルや土星モデルで示したように、ニュートン力学とマクスウェル電磁気学を元にして考える限り、このシステムは不安定となるはずであり、原子は瞬く間に崩壊するという結論に達してしまう。**原子を安定させるには、それまでの物理学の常識を超えた特別な条件が必要だと考えざるを得ない。この条件とはいったい何なのか？　ボーアは、この問いに対して、「量子条件」なるものを提案した。**

量子条件とは、量子論的な振舞いの起源になるもので、第1章で出てきたプランク定数を含む式の形で表される。**この条件は、ニュートン力学やマクスウェル電磁気学とは全く異質の考え方に基づいており、過去の理論からは導き出すことのできない画期的なものだった。**ボーアが提案した量子条件の式は、第4章以下で述べるように、ゾンマーフェルト、ボルン＝ヨルダン、ディラックによって次々と改良されていく。**ボーアの量子条件は、その後の量子論の展開において常に導きの糸となった**のだ。

ボーアの論法を具体的に示すために、ここでは、水素原子を例に取り、$+e$の電荷を持つ原子核の周りを1個の電子が円運動するケースについて考えよう[1]（eは電気素量）。

クーロンの法則によれば、原子核と電子の間に作用する電気的な引力は、距離の2乗に反比例し、それぞれの電荷の積に比例する。比例係数が1になるような単位系を選ぶと、原子核と電子の距離がrのとき、原子核が電子を引っ張る引力はe^2/r^2となる。

仮に、電子の運動に伴う電磁波の放出はないものとして、この引力によって電子がどのような運動をするか考えよう。円の半径をr、円軌道に沿った速度をvとすると、円運動による遠心力はmv^2/rとなることが知られている（mは電子の質量）。ニュートンの運動方程式は、電子に作用する遠心力が中心向きの引力と等しいというものなので、

$$mv^2/r = e^2/r^2 \cdots\cdots ①$$

と表される。ただし、これだけでは、方程式を満たすvとrの解は1つに決まらない。原子核の近くを高速で回る解や、遠くをゆっくりと回る解など、さまざまな解がある。ちょうど、太陽系において、太陽の近くを高速で回る水星や、遠くをゆっくり回る海王星などいろいろな惑星があるのと同じである。

ここまで電磁波の放出はないと仮定してきたが、実際には、電子が円運動するときに電磁場を揺さぶるので、マクスウェル電磁気学に従う限り、必ず電磁波が発生する。円運動の周期Tは、円周$2\pi r$を速度vで進むのに要する時間なので、$T = 2\pi r/v$となる（πは円周率）。電子は1秒間に$f = 1/T$回原子核の周りを回転し、同じ回数だけ電磁場を揺さぶって波立たせるので、発生する電磁波の振動数もこの値に等しく、

$$f = v/2\pi r \cdots\cdots ②$$

と与えられる。電磁波にエネルギーを持ち去られるため、電子はラセン軌道を描きながら原子核に接近し、最後は合体してしまう。

このような原子の崩壊を防ぐには、どうしたら良いのか？　ボーアは、電子の軌道半径が小さくなるのを禁止するような何らかの制約が必要だと考えた。もちろん、こうした制約は、ニュートン力学やマクスウェル電磁気学には存在しない。そこでボーアは、プランクの量子仮説を踏ま

えて、量子条件

$$mvr = nh/2\pi \cdots\cdots ③$$

が満たされていなければならないと主張した。これが、「ボーアの量子条件」である。ただし、nは整数（1,2,3…）で、後に「量子数」と呼ばれることになる。また、hはプランク定数である。左辺に現れるmvrは角運動量と呼ばれる回転の勢いを表す量なので、この量子条件は、「電子の角運動量は$h/2\pi$の整数倍になる」という形で表現できる。

ボーアがどのように量子条件の式を導き出したかは後回しにして、ここでは、量子条件の式とニュートンの運動方程式とを連立させるとどうなるかを見ていこう。

運動方程式①の両辺にmr^3を掛けると、

$$(mvr)^2 = me^2 r$$

になる。この式の左辺と、量子条件の式③の左辺の2乗は等しいので、

$$me^2 r = (nh/2\pi)^2 \cdots\cdots ④$$

が得られる。m、e、hは実験によって値が測定できる定数、πは数学の定数なので、この式から円運動の半径rはn^2に比例することがわかる。量子数$n = 1$のときに半径が最小となり、それより小さい軌道は存在しない。$n = 2,3,4\cdots$に対応して、最小半径の4倍、9倍、16倍…の半径を持つ軌道だけが許されることになる。

ニュートン力学に従うならば、電磁波の放出によって電子は連続的にエネルギーを失い、少しずつ原子核に近づいていく。ところが、量子条件を課した場合、この「少しずつ近づく」という

過程が実現できないのだ。**電子の軌道は、nの値によって区別される離散的な（とびとびの）ものに限られており、エネルギーを少しずつ失って半径がわずかに小さい軌道へと移ることが許されない。特に、$n=1$は許される軌道の中でエネルギーが最低の状態であり、それより低いエネルギー状態に落ち込むことはない。原子の崩壊は、量子条件によって食い止められるのである。**

軌道半径が離散的な値になるのに伴って、軌道を周回する速度vと水素原子が持つエネルギーEも、やはり離散的になる。

原子のエネルギーには、電子が速度vで動くことによる運動エネルギー$mv^2/2$と、電場に蓄えられる位置エネルギーがある。電子が1つしかない水素原子の場合、位置エネルギーは、電子と原子核の間の距離rの関数として$-e^2/r$と表されることが知られている。水素原子のエネルギーEは、この2種類のエネルギーの和となり、

$$E = mv^2/2 - e^2/r \cdots\cdots ⑤$$

と表される。途中の計算は省略するが、量子数nに対するエネルギーとして、

$$E = -2\pi^2 me^4/n^2h^2 = -\epsilon/n^2 \quad (\epsilon = 2\pi^2 me^4/h^2) \cdots\cdots ⑥$$

という離散的な（とびとびの）値が得られる。[2] このように、整数（量子数）で指定されるエネルギーの並びは「エネルギー準位」と呼ばれる。

量子条件はどのように導かれたか

量子条件の式を承認するならば、エネルギーを失った電子が原子核まで落ち込んで原子が崩壊

するという事態は確かに回避できる。しかし、そもそもボーアは、整数で指定されるとびとびの軌道しか存在できないという奇怪な量子条件を、いったいどこから捻り出したのだろうか？

論文では、まず、原子核から遠く離れた所にあった電子が回転数fの軌道に落ち着くまでの間に、振動数$\nu = f/2$の電磁波が放出されるという（根拠のはっきりしない）主張がなされる。その上で、「エネルギーが$h\nu$の整数倍に限られる」というプランクの量子仮説を流用して、

（原子が失うエネルギー）$= nh\ (f/2)$……⑦

という式を立て、電子の回転数fを表す式②を使って計算が進められる。細かな計算は省略するが、運動方程式①を使って変形していくと、最終的に量子条件の式③が導かれる。こうした議論を通じて、ボーアは、自分の理論とプランクの量子仮説との間にアナロジーが成立すると主張した。

はっきり言って、この議論はメチャクチャである。第1章で述べたように、プランクの量子仮説とは、物質内部の振動子のエネルギーが$h\nu$の整数倍になるというものだが、ボーアの原子模型では、水素のエネルギーは式⑥で示したように$-\epsilon/n^2$になる。さらに、振動数$f/2$の電磁波が放出されるという主張もおかしい。マクスウェル電磁気学を使っても、この主張を導くことはできない。しかも、論文の後半で原子から放出される電磁波を扱う際には、全く別の仮定を採用しており、議論が首尾一貫していない。ボーアが、演繹的な推論の結果として量子条件の式を得たとは、どうしても思われないのである。

実は、残されている手書きのメモによると、ボーアが初めからプランクの量子仮説を使ってい

たのではないことがわかる。

原子の崩壊が起きないのは、電子の軌道が何らかの理由で制限されている結果だと考えるのが自然である。そこでボーアは、電子の運動エネルギー $mv^2/2$ と回転数 f を結びつける関係式があり、これが軌道を制限すると推測したようだ。1912年頃のメモには、当時の測定データを元に、この2つの値の比を計算したことが示されている。それによると、電子が最も内側の軌道にあるとき（量子条件によって導入される量子数 n を使えば $n=1$ のとき）、電子の運動エネルギーと回転数 f の比は、プランク定数 h の約0・6倍になる。[3]

おそらく、この結果がインスピレーションを与えたのだろう。軌道上にあるときの電子の運動エネルギーは、電子が遠方から軌道に落ち着くまでに失われるエネルギーに等しいという物理学の定理がある。この定理を使って

（$n=1$ のときに原子が失うエネルギー）＝約 $0.6\times hf$

と表し、「約0・6」とは「1／2」のことだと推測した上で、プランクの量子仮説と形を似せて式⑦を書き下したのではないか。そうとでも考えないと、量子条件の式は出てこない。

この論文に限らず、ボーアは、通常の物理学者とは随分と違った発想で議論を進める。一般的に見られる物理学的思考とは、何らかの仮説を前提として、そこから演繹的にさまざまな命題を導き出していくものだ。実験や観察のデータと合わない結果が出てきた場合に自主的に仮説を捨てることもあるが、どちらかと言うと、自分の仮説に過度の自信を抱く物理学者が多い。これに対して、ボーアは、1つの仮説にこだわらず、納得できる結果が得られるまで、いろいろな可能

性をとっかえひっかえ試してみるタイプだ。パッチワーク思考とでも言うのだろうか、論文の中で互いに矛盾する仮定を使うこともためらわない（原子模型の論文でも、電磁波の放出に関する仮定が前半と後半で異なっている）。他人の学説を引用する際にも、前提を無視して役に立ちそうな式だけを借りてきたり、適用できないはずの対象に適用したりと、掟破りの議論を平気で行う（前提が異なっているにもかかわらず、プランクの理論から式だけ借用したように）。ボーアの論文はひどく読みにくいと言われるが、それは、単に持って回った言い方や妙に思索的な表現が多いからだけではなく、物理学的とは言えない発想をするためでもある。

今の時代ならば、こんな論文を書いていたのでは誰からも相手にされないだろう。だが、ボーアが生きていたのは、物理学の変革期である。対象をさまざまな視点から複眼的に眺め、状況に応じて使えそうな学説を切り貼りしながら、旧弊な固定観念に覆い隠されている真実を見いだそうとする——こうした型にははまらないボーアの方法論によって、物理学の新しい地平が切り拓かれたのである。

水素原子の線スペクトル

ボーアの原子模型は、論文発表後、ごく短期間で学界に受け容れられるが、それは、決して理論そのものが優れていたからではない。純粋に理論的な観点からすると、彼の論文には批判されても仕方のない点が多すぎる。保守的な物理学者ですら否も応もなく承服せざるを得なくなったのは、四半世紀以上にわたる懸案事項だった線スペクトルの謎に、すっきりとした説明を与えたからである。

まず、線スペクトルとは何かについて説明しよう。

スペクトルとは、もともとはプリズムなどを使って分光したときに見られる虹色の光の帯のことだが、現在では、振動数成分ごとに分けて表した電磁波の強度分布を意味する。熱放射の場合、高温での強度分布はプランク分布で表され、グラフにするとなだらかな曲線を描く。こうしたスペクトルは、帯スペクトル（あるいは連続スペクトル）と呼ばれる。ところが、帯スペクトルの中に、周囲より不連続的に強度が強かったり弱かったりする線状の領域が見られることがある。これらは、原子が特定の振動数の電磁波を放出・吸収するために生じるもので、放出による明るい線を輝線、吸収による暗い線を暗線と呼ぶ。こうした輝線・暗線を総称して線スペクトルと言う。線スペクトルは、原子の内部構造をかいま見せるのぞき窓である。原子の中で何かが起きているからこそ、特定の振動数の電磁波が放出・吸収されるのである。それは一体どのような過程なのだろうか。

この謎を解く鍵が、線スペクトルの規則性にある。特定の原子の線スペクトルは、規則正しく配列したいくつかのグループに分けられる。この規則を数式で書き表し、そこから原子内部の知識を得ようとする試みが19世紀末から盛んになってきた。特に重要な役割を果たしたのが、水素原子の（輝）線スペクトルにおける「リュードベリの公式」である。

水素は、通常は2個の原子が結合した水素分子になっているが、実験装置内部や宇宙空間では単独の原子から成る気体として存在できる。こうした水素原子気体を加熱したときに観測される

輝線の振動数νは、一般に、

$$\nu = 3.29 \times (1/n_1^2 - 1/n_2^2) \quad (n_1 \text{と} n_2 \text{は} n_1 < n_2 \text{となる整数}) \cdots\cdots ⑧$$

と表される（単位はペタヘルツ＝1000兆ヘルツ、1ヘルツは1秒間に1回振動することを表す）。この式が「リュードベリの公式」である。この法則のうち、$n_1 = 2$の系列は1885年にバルマーが、$n_1 = 1$の系列は1906年にライマンが発見していた。ボーアが原子構造に関する論文を発表した当時、この法則は、測定データとピタリと一致することは確かめられていたものの、どのような機構によってもたらされるか、全くと言って良いほどわかっていなかった。

他の物理学者とやりとりした手紙を読むと、ボーアは、1913年初頭まで原子の線スペクトルについて関心を示していないが、同年3月にラザフォードに送付された論文の原稿には、すでにリュードベリの公式を導く方法が記されている。彼は、1ヶ月ほどの間にこの問題について考え抜き、自分の原子模型を使えば、線スペクトルの特性が簡単に導けると気がついたのである。

原子模型の受容

量子条件を仮定すると、水素原子のエネルギーは、式⑥の形で与えられる。もし量子条件が常に満たされているならば、原子はこうした状態の1つを永久に維持するはずである。だが、実際の原子は、線スペクトルに示されるような電磁波を放出・吸収しながら状態を変化させており、いつまでも同じというわけではない。

そこでボーアは、さらに突飛な議論を展開した。ある軌道から別の軌道へと、電子が突如として「遷移」するというのである。これは、ニュートン力学では説明の付かない振舞いであるばかりか、自分で提案した量子条件にもそぐわない。しかし、パッチワーク的な物の考え方に慣れているボーアは、こうした遷移が理論の前提から演繹できないことには拘泥しない。正当化のための議論はいっさい行わないまま、そのときのエネルギーの差に注目する。

仮に、電子が量子数 $n=n_2$ の軌道から、よりエネルギーの低い $n=n_1$ の軌道へと移行したとすると、水素原子は、準位の差に相当するエネルギーを失う。全エネルギーは保存されるという性質があるので、原子が失ったのと等しいエネルギーを持つ電磁波が放出されるはずである。ここで、原子から放出されるエネルギーがエネルギー量子 $h\nu$ に等しいと置くと、

$$h\nu=\epsilon(1/n_1{}^2-1/n_2{}^2)$$

という関係式が成り立つ。この両辺を h で割れば、リュードベリの公式⑧と同じ形になる。ボーアは、数値を代入して ϵ/h を計算し、3・1ペタヘルツという値を得た。これは、リュードベリの公式で使われる3・29という測定データとほぼ一致している。

あまり論理的な議論とは言えないものの、それまでメカニズムが全くわからなかった線スペクトルの法則を正しく導けたことは、当時の物理学者にとって驚異だったに相違ない。量子条件を与える論法がひどく心許ないものでありながら、ボーアの原子模型が短期間のうちに学界で受け容れられたのは、ひとえにリュードベリの公式の導出があったからだろう。

この時点で、アインシュタインの光量子論は学界でまるで認められておらず、プランクの理論についても、「プランク分布の式は役に立つ」という程度の認識だった。理論的な根拠のなさと

いう点では大差ないにもかかわらず、ボーアの理論が高く評価されたところに、実証性を重んじる物理学者の考え方が良く現れている。光量子論を実証するような実験は1916年まで行われなかったし、プランクの量子仮説は黒体放射の分布と合致するようにあつらえられた理論にすぎないと思われていた。これに対して、ボーアの理論では、線スペクトルと直接の関係を持たない量子条件を前提にすると、測定データと一致する予測が導かれる。量子条件という良くわからない前提を含んでいたものの、実証的な成果を上げたからこそ、かなり信憑性が高いと評価されたわけである。

当時の物理学者の言葉も、こうした推測を裏付ける。後に、ボーアの原子模型に基づいて膨大な計算を遂行するアルノルト・ゾンマーフェルト（1868〜1951）は、ボーアに宛てて「あの定数（＝リュードベリの公式の係数）の算出は疑う余地のない偉大なる成功として眼前につきつけられた思いがします」と書いている（1913年9月4日付け書簡）。また、ラザフォードは、1914年の論文に、「ボーアの仮定の妥当性やその根底にある物理的意味については多くの異論もあろうが、ボーアの理論が簡単な原子および分子を構成し、そのスペクトルを説明する最初のはっきりした試みとして、全ての物理学者にとって非常に興味深くかつ重要なものであることは疑う余地のないところである」と書き記した。

原子構造の理論を提出したことにより、ボーアは、一躍、新時代の物理学の旗手と目されるようになった。1921年、コペンハーゲンに新設された理論物理学研究所の所長にボーアが就任すると、ここが量子論研究の〝メッカ〟としてハイゼンベルクを初めとする多くの若手研究者が訪れる場所となり、いわゆるコペンハーゲン学派が形成される。ボーア自身は、原子構造と線スペクトルに関する業績によって、１９２２年のノーベル物理学賞を受賞する。

次なる課題

ラザフォードによって明らかにされた小さな原子核を持つ原子の構造は、原子はなぜ崩壊しないのかという謎を物理学者に突きつけた。ボーアが与えた解答は、量子条件という不可解な式によって電子の運動が制約されるために、原子が崩壊しないというものだった。しかし、この解答は、謎の解決ではなく、解決すべき点を明確にしたにすぎない。**量子条件とはそもそも何なのか？**　より根源的な理論から量子条件を導き出すことが、次に遂行すべき課題だった。

しかし、この課題は、すぐには成し遂げられなかった。ボーアの量子条件が提唱されてから10年にわたって、「この条件は一体何なのか」という問いはいったん棚上げされ、実験や観測と一致する理論を作り上げようとする動きが学界を支配していたからである。

新しい流れは、１９２４年に突如として始まる。そのきっかけになったのは、電子が波のように振舞うのではないかという素朴な思いつきだった。

第3章　波動力学の興亡——ド・ブロイとシュレディンガー

ボーアの量子条件は、原子の安定性を理論的に保証するとともに、線スペクトルの測定データともほぼ一致する結果を導いたため、短期間で学界の支持を集めたが、そもそも量子条件とはいったい何を意味するかは、依然として謎のままだった。

ボーアの量子条件は、量子論の歴史において、ちょうどプランクの量子仮説と良く似た位置にある。プランクは、エネルギーが離散的になると仮定すれば黒体放射の分布を導けることは示せたが、エネルギーの離散化が光の粒子性の現れだという洞察を得るには、アインシュタインを待たなければならなかった。同じように、量子条件の背後に潜む電子の波動性を見いだすのは、この式を導入したボーアではなく、より若い世代に属する新進の物理学者だった。

アインシュタインの光量子論の場合、学界に受け容れられるまでに10年、ディラックによって数学的な理論が構築されるまでにさらに10年以上を要した。これに対して、電子の波動性についての洞察は、わずか数年のうちに壮大な理論——いわゆる波動力学——へと成長を遂げ、1926年から27年に掛けて学界を席巻するが、やがて致命的な欠陥が発見され、そのままの形では通用しないことが判明する。2〜3年の間に起きた1つの学説の興亡は、予期しがたい偶然に満ちており、さながら1編のドラマのようである。

波としての電子

　量子条件の背後に波動性が潜んでいることを最初に見て取ったのは、フランスの名門貴族の一員ルイ・ド・ブロイ（後の第7代ド・ブロイ公爵　１８９２〜１９８７）である。彼は、もともとソルボンヌ大学で歴史学を専攻していたが、実験物理学者だった兄モーリス（１８７５〜１９６０）の影響を受け、在学中からプランク、アインシュタイン、ボーアらによる新しい物理学に関心を抱くようになる。第一次世界大戦中に電波技術者としてフランス国内で兵役義務を果たした後、改めて物理学を修め、１９２４年に博士号を取得した。このとき提出された学位論文に、シュレディンガーの波動力学につながる「物質波」の概念が初めて示されたのである。

　ド・ブロイが特に興味を寄せたのが光量子論である。当初はなかなか受け容れられなかった光量子論だが、１９１６年に行われた光電効果の精密測定でアインシュタインが予想した通りの結果が出たのに続いて、１９２３年には、光量子と電子がビリヤード球のように衝突して跳ね返るというコンプトン効果が発見され、光量子論の支持者が急増していた。波動と粒子という全く相異なる２つの性質が光に体現されていることに深く感動したド・ブロイは、当初、アインシュタインのアイデアをさらに押し進めて、質量を持った光の粒子についての理論を作ろうとした。この理論は思ったようにはうまくいかなかったが、光が示す波動と粒子の二重性について思いを巡らせるうちに、この性質が、単に光だけではなく、物質全般にかかわるものではないかと考えるようになった。

アインシュタインの光量子論では、振動数ν《ニュー》の光は大きさが$h\nu$のエネルギー量子の集まりのように振舞うとされていた。ド・ブロイは、これまで波そのものと思われていた光が粒子性を示すのならば、それと反対に、粒子であると思われている電子は波動のように振舞うのではないかと考え、光量子の場合と似た関係式が電子でも成立していると仮定したのである。

相対論によると、質量mを持つ物質は、たとえ動いていなくても、mc^2（cは光速）という「質量エネルギー」を持つことが知られている。質量エネルギーは、化学反応の際にやり取りされるエネルギーより遥かに巨大だが、核分裂でも起きない限り、常に一定に保たれている。ド・ブロイは、ふだんは表に現れることのないこの質量エネルギーmc^2が、エネルギー量子$h\nu$に等しいと仮定したのだ。この式を解いて得られる振動数νは、およそ1００億ヘルツの1００億倍、当時の最先端技術だった医療用X線の振動数の1００倍近い大きな値である。

粒子である電子に波の性質である振動数を結びつけるこの関係式は、物理的には何を意味するのだろうか？　学位論文でド・ブロイは「（電子の）内側に何か振動現象を想定すべきだろうか」と自問し、「その必要はない」と断じている。ド・ブロイのイメージでは、電子のエネルギーは空間全体に薄く拡がっており、その一部が狭い領域に凝縮して粒子的な電子としての姿を現している。電子そのものが振動しているわけではなく、空間全体に拡がって電子の運動を導いている「波」があり、その振動数が先の式に現れるνだと考えれば良いというのだ。

もっとも、ド・ブロイの論述は曖昧で、何を言っているのか良くわからない箇所が多い。空間全体に拡がった電子の波――ド・ブロイは「位相波（onde de phase）」と名付けたが、ここでは現在の慣習に従って「物質波」と呼ぼう――についても、具体的に電子とどのような関係にあるのか明確に説明してくれない。「電子に付随する（accompagne）」といったイメージばかりが先行して、その振舞いを数学的な理論として定式化していないのだ。この学位論文（あるいは、前身となる1923年の短い論文）が発表された当時は全く評判にならず、ほとんどの物理学者に知られずにいたのも無理はない。

イメージ先行の曖昧な議論が多い中で、ド・ブロイは、1つの重要な関係式を見いだすことができた。物質波の波長と電子の速度を結びつける式である。

光の場合、波長と振動数は、「波長×振動数＝波の速度」という簡単な関係式を満たしている。しかし、物質波の場合、右辺を電子の速度と置くことはできない。もし置けるならば、電子がゆっくり動いているとき、物質波の波長は、測定不可能なほど小さなものになってしまうからだ。

では、ド・ブロイはどうしたのか？ 彼は、波の速度には、「波長×振動数」で定義される「位相速度」の他に、波がエネルギーを運ぶ速さである「群速度」というものがあることを知っていた。そこで、電子が運動するときの速度は、物質波の群速度に対応するのではないかと考え、波長と速度を結びつける別の関係式を導き出したのである。ただし、ここでは、理解を容易にするために、ド・ブロイのやり方とは少し違う方法で、この関係式を示してみよう[1]。

物理学の理論には、「時間的な量」と「空間的な量」がペアになって現れることが良くある。波動の場合、振動数νは1秒間に何回振動するかを表す「時間的な量」、これに対して、波長λ《ラムダ》の逆数は1メートルの間に何回振動するかを表す「空間的な量」である（理論物理学では、波長よりもその逆数が使われることが多いので、波長の逆数に波数という呼称を与えている)。一方、運動する粒子の場合、エネルギーが「時間的な量」であるのに対して、運動量が「空間的な量」であることが知られている。運動量とは、相対論による修正が必要のないときには「質量m×速度v」で定義される量であり、エネルギーが「時間が経っても物理法則が変わらないことの帰結として常に一定の値になる(エネルギー保存の法則)」のに対して、運動量は「空間のどの場所でも同じ物理法則が成り立つことの帰結として常に一定の値になる(運動量保存の法則)」ことが証明されている。アインシュタインの光量子論によって、エネルギーEと振動数νという2つの時間的な量の間に、$E=h\nu$という関係式があるのだから、それとペアになる空間的な量(運動量mvと波長λの逆数)の間にも同じ関係式があるはずだ。式で表すと、

$$mv=h/\lambda\cdots\cdots①$$

となる。このλが「ド・ブロイ波長」と呼ばれる物質波の波長である。

ド・ブロイのイメージによれば、電子は、波長λを持つ物質波に導かれるかのように運動する。ただし、これはあくまでイメージであって、具体的にどのような式に従い、いかなる現象を引き起こすかは、はっきりしていなかった。

量子条件の導出

ここまでのド・ブロイの議論は、単なる憶測にすぎないと言われても仕方がない。正当化のための根拠がまるでないからである。かなり長いド・ブロイの学位論文の中で、現実との結びつき

が提示されるのは、ただ1箇所しかない。しかし、この1箇所が、物理学の歴史を変える重要なポイントだった。

ド・ブロイが指摘したのは、**物質波の考えに基づけば、ボーアがほとんど独断的に与えた量子条件がすんなりと導ける**ということである。

ボーアの量子条件によれば、電子が原子核の周りを円運動する場合、$mvr = nh/2\pi$ ($n = 1, 2, 3 \cdots$) という関係式を満たす半径 r のとびとびの円軌道だけが安定的に存在できる（v は電子の速度）。ド・ブロイは、ここで、円軌道に沿って伝わる物質波に目を向けた。ちょうど、円環状の水路を波が伝わる場合のように、物質波は、軌道を一周して元の場所に戻ってくるが、そこで、自分自身と干渉しあうことになる。軌道を一周したときに波の山と谷が重なった場合は、自分で自分を打ち消してしまい波は消滅する。一周目に山と谷が重ならなくとも、前の波と少しでもずれていれば、何周かする間に山と谷が重なるようになって、結局、波は生き残れない。波が残るのは、一周したときにちょうど山と山、谷と谷が重なっていて、自分を打ち消すことがない場合だけである。この条件は、式で表すと、円軌道の長さ $2\pi r$ がちょうど波長 λ の整数倍になるということなので、

$$2\pi r = n\lambda \cdots\cdots ②$$

となる。この λ にド・ブロイ波長の式 $\lambda = h/mv$ を代入して整理すれば、あっけないほど簡単にボーアの量子条件と同じ式（$mvr = nh/2\pi$）が得られる。

これまで、量子条件が何を意味するかに全く答えられなかった物理学は、ここに至って、「量

子条件とは電子の波動性の現れだ」という具体的な考え方を手に入れたわけである。ボーアは、原子が安定するためには電子の軌道がとびとびになるべきだと考え、そのために、根拠らしい根拠もなしに量子条件を捻り出した。確かに、この量子条件を満たす電子の軌道はとびとびではあるが、それは、電子の軌道を制約する量子条件の式に整数nが含まれており、nの値ごとに半径が異なる軌道になった結果である。これでは、「軌道が自然にとびとびになった」のではなく、「無理にとびとびにした」と言われても仕方がない。これに対して、ド・ブロイの議論は、整数nを含む式を前提としていない。軌道を周回する波が生き残るための条件として、整数nを含む式がすんなり導かれているのだ。その論法には、どこにも無理がない。

ド・ブロイは、「かくも直接的に導かれたこの美しい結果は、われわれの方法を量子論に適用することの最良の正当化となるだろう」と記している。

アインシュタインによる引用

ド・ブロイの学位論文は、パリ大学理学部に提出され、フランスにおける相対論の紹介者として知られるポール・ランジュバン（1872〜1946）らが審査に当たった。審査の過程はつまびらかにされていないが、論文内容に批判的な審査員もいたらしい。実験や観測と結びつけられるような結論が何も導かれておらず、推測に近い議論が延々と繰り返され、単純な式変形に紙数を費やしている——などの点から見て、物理学の論文としては、必ずしも上出来ではない。だが、最終的には合格が認められ、博士号が授与された。

この時点で誰も気づいていなかったが、実は、物質波の存在を示唆する実験結果はすでに得られていた。１９２１年にクリントン・デイビソン（１８８１〜１９５８）らが電子ビームをニッケルの結晶に当てて散乱させる実験を行っていたが、このときの測定データに、電子が波のように回折したことを示すピークが現れていたというのである（回折とは、波が障害物の背後などに回り込む現象で、結晶のように規則正しく配列した物体に回折される場合は、特定の向きに強く伝播するようになる）。しかし、デイビソンはその意味が理解できず、ド・ブロイの論文が発表された後の１９２７年になって単結晶を使った精密な実験を行い、電子ビームの回折現象を確認することになる。同様の実験は同年に（Ｊ・Ｊ・トムソンの息子の）ジョージ・パジェット・トムソン（１８９２〜１９７５）も行っており、その功績で、デイビソンとトムソンは１９３７年にノーベル物理学賞を受賞する。現在では、電子ビームが波のように回折することを如実に示す写真がいくつも撮影されている。

数年後に実験で確認されるとはいえ、論文が提出された段階では、物質波のアイデアは憶測と言っても良いものであり、ちょっとした思いつきとして黙殺されてもおかしくなかった。しかし、いくつかの幸運が重なって、このアイデアは日の目を見ることになる。

最初の幸運は、アインシュタインが関心を抱いたことだ。無名の学生の論文がアインシュタインの目に留まることなどそうはないはずだが、ド・ブロイ本人の記憶によると、ランジュバンが何かの会合で物質波について話をし、興味を示したアインシュタインが論文の写しを所望したということらしい（ヤンマー『量子力学史』による）。

アインシュタインは、たまたま自分が進めていた研究に物質波の考えが利用できるのではないかと思ったようだ。1925年に発表した量子統計に関する論文（いわゆるボース＝アインシュタイン凝縮を扱った論文）の中で、自説を補強する理論としてド・ブロイの業績を引用している。

アインシュタインの理論によると、量子統計に従う気体分子は、互いに独立に運動しているのではなく、何らかの方法で他の分子と連絡しあっているかのように協調的に振舞うことになる。気体分子がビリヤード球のようにバラバラに動き回っているとすると、熱力学の基本定理（絶対零度でエントロピーと呼ばれる物理量がゼロになるという定理）に矛盾する結果が出てしまうのだ。この奇妙な性質を考察するうちに、アインシュタインは、量子統計に従う気体分子が光量子に似たものではないかと思い当たったようだ。光量子がバラバラに飛び回るビリヤード球のような粒子ではなく、波動性を示す電磁場と結びついた存在であるのと同じように、気体分子も、未知の波動場を介して互いに連絡を取り合っていると推測したのである。こうした波動場の1つの候補として、ド・ブロイの物質波が紹介されている。

アインシュタインの論文は、さすがに先見性に富んでいる。この時点では、まだボース＝アインシュタイン凝縮は見いだされておらず、1932年になって、ようやく液体ヘリウムの「超流動」という形で発見された。液体ヘリウムは、零下271℃以下に冷却すると、突如として流動性が急激に増し、狭い隙間を何の抵抗もなく通り抜けたり容器の壁面を這い上がったりする。この現象は、多数のヘリウム分子が1つの量子論的なシステムとして協調して動くことに起因するもので、その背後に波動的な振舞いを示す場を思い描いたアインシュタインの推測は、大筋において正しい。

もっとも、「注目すべき論文」としてド・ブロイを持ち出してきたにしては、その紹介の仕方は中途半端である。「(気体分子と光量子の間に)ただの類似性以上のものがあると信じられるので、もっと詳しく説明しよう」と述べて物質波の話を始めるが、いきなり$mc^2 = h\nu$という関係式を示し、さらにいくつかの簡単な式変形を行っただけで、それが量子論とどのような関係があるか理論的な考察もしないまま、「このように、一つの気体に(中略)波動場が対応させられることがわかった」と強引に話をまとめてしまう。ここで言う「対応」が何を意味するのかもはっきりしない。アインシュタインが本当にド・ブロイの論文を理解した上で高く評価したのか、いささか疑わしい。

アインシュタインによって一瞬スポットライトが当てられたものの、これだけではド・ブロイの理論はすぐに忘れ去られていただろう。ここで、第2の幸運が訪れる。シュレディンガーがこの分野に参入してきたのである。

シュレディンガー登場

エルヴィン・シュレディンガー(1887～1961)は、豊かな才能を持ちながら運に見放されたような前半生を送ってきた。物理学者としてキャリアをスタートさせた直後に、故国オーストリアが主戦国となる第一次世界大戦が勃発し、数年間はヨーロッパ各地で兵役に従事させられた。終戦後もなかなか定職に就けず、2年間で4つの大学を転々としながら、光の知覚や音響学といった専門外の論文を執筆した。1921年になってようやくチューリッヒ大学に職を得てから、原子模型や量子統計についての研究に集中することができた。そうした中で、量子統計についての興味からアインシュタインの論文を読み、そこでド・ブロイの名も知ったようである。

シュレディンガーが、なぜ長くて散漫なド・ブロイの学位論文を本格的に読み込もうという気になったのか、その理由は必ずしもはっきりしていない。この間の事情は彼の短い自伝にも記されておらず、いくつかの言い伝えが残されているだけである。いわく、著名な化学者のピーター・デバイ（1884〜1966）が大学のコロキウム（討論会）でド・ブロイの理論について解説するようにシュレディンガーに依頼した。いわく、ソルボンヌ出身の同僚が母校を訪れた際にランジュバンからド・ブロイの論文を託されたが、自分では読まずにシュレディンガーに押しつけた。いわく、風の強い日にチューリッヒ湖で泳いでいるとき、波の重要性に卒然と思い当たった……。話の真偽はともかく、こうした言い伝えがあるのは、量子論の専門家とは言えないシュレディンガーがド・ブロイの論文に注目し、そこから壮大な理論を作り上げられたことが、どうにも不思議だからだろう。

ただ1つ明らかなのは、アインシュタインの1925年の論文が重要な役割を果たしたという点である。シュレディンガーはアインシュタインに宛てた手紙で、「もし、あなたの（中略）論文によって、ド・ブロイのアイデアの重要性を鼻先に突きつけられていなければ、これまでも、これから先も、何かが起きることはなかったでしょう（少なくとも私の側からは）」（1926年4月23日付け書簡）と書いている。

ド・ブロイの論文にはアイデアの種があるだけで、その内容はほとんどが推測の域を出ておらず、このままでは物理学理論としての体をなしていない。では、どうすれば良いのか？　すでに38歳となり円熟期を迎えていたシュレディンガーは、ド・ブロイとは格の違う物理学のプロフェッショナルだった。彼は、自分がなすべきことを正しく理解した。**ド・ブロイは、波長と運動量の関係を式で表しただけで、物質波がどのように伝わるかを具体的な式で示すことなく、「電子に付随する」といった曖昧な説明に終始していた。だが、物理学の理論として定式化するためには、物質波が従う方程式――いわゆる波動方程式――を書き下さなければならない。**その上で、水素原子について波動方程式を解き、その結果がボーアの原子模型と基本的に一致することを示す必要がある。できれば、水素原子以外のケースについても、具体的に方程式を解いて見せた方が説得力が増す。シュレディンガーは、これらの課題を全て完璧に遂行したのである。

波動関数の導入

シュレディンガーの研究成果は、「固有値問題としての量子化」なるタイトルの4部作として1926年に発表された（固有値とは、微分方程式論などで使われる数学の専門用語である）。関連するものを含めると、1927年までに9編もの論文を執筆している。これらは、20世紀物理学の白眉であり、人類の大いなる遺産である。

シュレディンガーの論文を一読してまず気づかされるのは、その無駄のないスタイリッシュな書きっぷりである。アインシュタインならば、自分はどのように考えてこの結論に到達したかを事細かに書いていくだろう。ボーアならば、この結論を導くには、こんな考え方がある、あんな考え方もあると、お得意のパッチワーク思考を披露するかもしれない。しかし、シュレディンガーは、そうした回り道はしない。論文の初めに解くべき方程式を提示し、これを数学的に厳密に扱って、必要な結論を導くだけである。

第1論文「固有値問題としての量子化（第I部）」の冒頭は、特に印象的である。大論文で往々にして見られるような歴史的回顧から始まるのではなく、前置きなしに「この報告では、まず、最も簡単な水素原子の（中略）場合について、通常の量子化の手続きが、もはや《整数》という語が現れないような別の要請で置き換えられることを示したい」と記されている。いきなり問題の核心を突いてきたのである。

ここでいう《整数》とは、ボーアの量子条件「$mvr = nh/2\pi$」に含まれる量子数nのことだ。ニュートン力学やマクスウェル電磁気学では、基礎方程式の中に整数が現れることはない。放り投げた物体が描く放物線の形は、初速の大きさや向きを少しずつ変えていくと、それに応じて連続的に変化する。**こうした連続性が、古典物理学の基本的な性質である。ところが、整数nによって運動をとびとびの軌道に制限してしまうボーアの量子条件は、この基本的な性質と真っ向から対立する。**

当時の物理学者たちは、線スペクトルの性質が説明できることから量子条件を受け容れていたものの、この条件式が従来の物理学とあまりに異質なことに悩んでいた。シュレディンガー論文の冒頭の一文は、この悩みを解消しようという宣言である。これを読んだ当時の物理学者がどれほど興奮したことか、容易に想像できる。

量子条件を整数を含まない別の要請に置き換えるために、シュレディンガーが踏み台としたのが、物質波の干渉を考えることで量子条件が導けるというド・ブロイのアイデアである。ド・ブロイは、電子に付随する物質波が半径rの円軌道上を一周したとき、軌道の長さ$2\pi r$が波長λの整数倍になるという関係（式②）がなければ、干渉によって自分自身を打ち消してしまうと考えた。しかし、この議論には、「電子に付随する」という訳の分からない前提がついて回る。そこでシュレディンガーは余分な前提を捨ててしまい、物質波だけの式を立てることにしたのである。

シュレディンガーは、まず物質波の状態を表す「波動関数」Ψ《プサイ》を導入した。ド・ブロイが与えた「一周したときに自分自身を打ち消さない」という条件は、「一周したときに波動関数Ψの波形が元と同じ形になる」という意味に解釈することができる。実際に、式を使って表してみよう。

原子の場合、中心にある原子核からの距離rと、地球表面と同じように定義した緯度θおよび経度ϕ《ファイ》をセットで与えれば、原子核の周囲のいかなる場所でも指定できる。ここで、半径rの球の赤道に沿って波動関数Ψの変化を考えることにしよう。このとき、rは一定値、緯度θはゼロになるので、Ψは経度ϕだけの関数となる。波の式は一般に三角関数で表されるので、Ψは、

$$\Psi \propto \cos(a\phi + b) \cdots\cdots ③$$

と書くことができる（三角関数の知識のない読者は、申し訳ないが、本節の最後の文章まで流し読みしていただきたい[2]）。一周しても波形が変わらないという条件は、西経１８０度（$\phi=-\pi$）と東経１８０度（$\phi=+\pi$）で三角関数が同じ形になることを意味する。三角関数は、引数が2πの整数倍だけ

ずれても同じ関数形になることが知られているので、結局、この条件は、

$$(+a\pi+b)-(-a\pi+b)=2\pi(n-1) \quad (n=1,2,3\cdots)$$

と表される（左辺が引数のずれ、右辺が 2π の整数倍である）。左辺の計算を行って両辺を 2π で割れば、

$$a=n-1 \cdots\cdots ④$$

が得られる。つまり、波動関数は、$\cos b$、$\cos(\phi+b)$、$\cos(2\phi+b)\cdots$のような形のときにだけ、一周しても波形が変わらないのである。**ここで重要なのは、式④に含まれる整数 n が、理論の中に初めから前提として含まれていたわけではないという点だ。**ボーアは、軌道をとびとびにするための方策として、整数 n を含む条件式を前提とせざるを得なかった。ところが、シュレディンガーの議論では、「波動関数は一周しても波形が変わらない」ことを要請した結果として、この要請を満たす波動関数の係数が（式④で表されるような）整数になったのである。波形についての要請には、整数は含まれていない。

シュレディンガー方程式

波動関数に対する要請によって軌道がとびとびになることはきれいに導かれたが、それでは、Ψ 自体はどのような方程式を満たしているのだろうか？

シュレディンガーの第1論文では、変分法と呼ばれる数学理論を使えば、Ψ の方程式が演繹的に導けるかと思わせる議論がなされている。しかし、これは一種のハッタリだ。当時、ド・ブロイの理論は全くと言って良いほど知られておらず、物質波という概念など大多数の物理学者の念

頭になかった。「物質波の波動関数が満たす方程式は何か」などと説明を始めていたのでは、読者にそっぽを向かれてしまう。そこで、誰も理解できないような高度な数学を使って読者を眩惑し、方程式は演繹的に導けたものと錯覚させて、具体的な結果を示せる水素原子の計算へとすぐに話を進めているのである。シュレディンガーは、なかなかどうして話術の達人である。

　シュレディンガーが実際に方程式を見つけた方法は、論文に書かれたものとは異なり、もっと素朴だった。水や空気の内部に発生する波動に関しては、19世紀からいろいろと研究が進められており、波が従う一般的な方程式もいくつか考案されていた。その中には、どこにも進んでいかず、同じ場所で上下動を繰り返すだけの「定在波」についての方程式があった。波長λの定在波の振幅Ψは、一般に、

$$\nabla^2\Psi+(2\pi/\lambda)^2\Psi=0$$

という方程式を満たす（∇《ナブラ》は関数の傾きを求めるハミルトンの微分演算子だが、とりあえず、ただの記号だと思って眺めるだけでかまわない）。当時の研究ノートには、シュレディンガーがこの方程式を検討した跡が残されている。ここから物質波の波動方程式に到達する道筋ははっきりしないが、おそらく、次のようなものだったろう。まず、波長λとしてド・ブロイの関係式 $\lambda=h/mv$（式①を書き換えたもの）を採用し、さらに第2章式⑤のエネルギーの関係式 $E=mv^2/2-e^2/r$ を使って、

$$(2\pi/\lambda)^2=(2\pi mv/h)^2=(2\pi/h)^2 2m\ (mv^2/2)=(2\pi/h)^2 2m\ (E+e^2/r)$$

という書き換えを行う。これを元の式に代入して $(2\pi/h)^2 2m$ で割れば、

$$(1/2m)(h/2\pi)^2\nabla^2\Psi+(E+e^2/r)\Psi=0 \cdots\cdots ⑤$$

という方程式が得られる。これが、世に名高い水素原子のシュレディンガー方程式――正確に言えば、「時間に依存しないシュレディンガー方程式」――である。この式は、同じ場所で上下動を繰り返す定在波の振幅を定めるものだが、第4論文では、時間とともに進んでいく波についての方程式――いわゆる「時間に依存するシュレディンガー方程式」――も提案された。

シュレディンガーは、第1論文で、この方程式を満たす関数が一般にどのような形になるかを計算している。ここでは、ボーアの原子模型に対応する場合に話を限ろう[3]。このとき、波動関数Ψの中で経度ϕに依存する部分は$\cos(a\phi+b)$（式③）で表される。一周して元の場所に戻ったときにΨが同じ波形になることを保証するには、aがゼロ以上の整数になる（式④）という形で量子数nを導入しなければならない。nを決めると波動関数の形が決定されるので、波動関数は整数nによって分類される。さらに、この波動関数に対するエネルギーEを計算すると、ボーアの原子模型と同じく$E=-\epsilon/n^2$（第2章の式⑥）になることが示される。したがって、ボーアの理論と同じように状態間の遷移によって光量子が放出・吸収されると仮定すれば、水素原子の線スペクトルに関して測定データと一致する値が導けるのである。それだけではない。ボーアの原子模型よりも遥かに複雑なケース、例えば、波動関数が大きくゆがんでいるようなときでもエネルギーを計算することが可能になる。そのパワーは計り知れない。

水素原子のエネルギーが離散的になるという謎に満ちた現象を、ある要請を満たす波動関数だけが安定的に存在できるという自然な形で解明したシュレディンガーの論文は、圧倒的な好意を

もって迎えられた。当時、ボーアの量子条件を改良する試みは、ハイゼンベルクらによっても進められていたが、その方法論はきわめて難解で、多くの物理学者が敬遠していた。これに対して、「微分方程式を解いて波動関数を求める」というシュレディンガーの方法は、物理学者にとって以前から馴染みのあるものだった。論文を読んだプランクは、シュレディンガーに「目の前に展開される美の世界に感極まっている」（1926年4月2日付け書簡）と最大級の讃辞を書き送り、アインシュタインも、「あなたが量子条件の定式化において決定的な進歩を成し遂げたという確信に達しました」（1926年4月26日付け書簡）と記した。

閉じ込められた波

水素原子のエネルギーが整数によって指定される離散的な値になることは、「閉じ込められた波動では特定の振動パターンだけが許される」という一般的な波の性質の現れである。

直観的にもわかると思うが、互いに強く引き合いながら飛び回る粒子がある場合、これを狭い領域に閉じ込めて安定な状態に保つのはほとんど不可能である。強く引き合っている以上、粒子は即座に合体してしまうのがふつうだからだ。しかし、波の振舞いはそうではない。

例えば、バスタブに張られた水をバチャバチャと掻き乱してから放置する状況を想像してほしい。掻き乱した直後、水の表面には大小さまざまの波が立っているが、そうした不規則な波はすぐに収まり、その後は、水全体が協調するかのように、表面が滑らかに上下する振動がしばらく続くことになる。こうした振動は、どこにも進んで行かずに同じ場所で上下動を繰り返す定在波

図4 弦の振動パターン

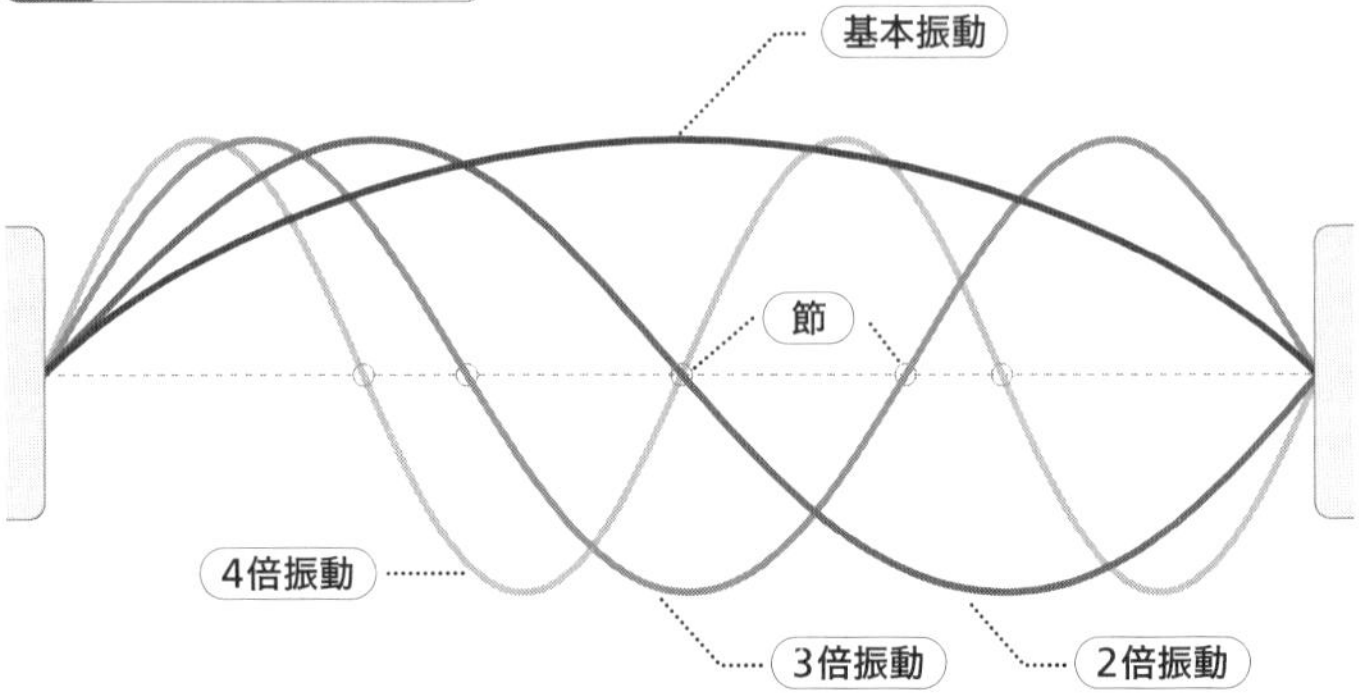

の一種である。バスタブのように波が限られた領域に閉じ込められている場合、最初にあった不規則な波がエネルギーを失うと、限られた定在波だけが持続するような状態で安定する。

こうした定在波では、閉じ込められ方によって、許される振動のパターン（モード）が決まる。両端が固定された弦のケースを図4に示しておこう。端が振動しないという条件から、図に描いたようないくつかの振動パターンだけが持続する。弦が全く動かない箇所は節《ふし》と呼ばれ、節が1つもない最も単純なパターンが基本振動である。節の数が1、2、3と増えるにつれて、波長は基本振動の2分の1倍、3分の1倍、4分の1倍に、振動数は2倍、3倍、4倍に変化する。このように、弦の定在波ではとびとびの振動数を持つ振動パターンだけが許され、節の個数という「整数」によってパターンを分類することが可能になる。こうした振舞いは、閉じ込められた波に一般的に見られるものである。物質波が閉じ込められたときも同様であり、振動数などの物理量が離散的な値になるという量子化の現象が見られる。

水素原子における電子の波動は、波動方程式の形が弦や水の波の場合とは少し異なるものの、波としての一般的な性質は共有している。電子が原子核に捕捉されている場合、波動関数Ψの拡がりは、原子核の周辺1000万分の1ミリ程度の範囲に収まっている。これは、波動が原子核の周りに「閉じ込められる」ことを意味する。従って、波の一般的な性質に従って、量子化された定在波だけが安定した状態として持続できることになる。弦の場合の「端が固定」に相当する条件は、波動関数Ψが経度方向に一周したときに元に戻るといった関数形についての制限となる。

波動の物理的な意味

第1論文では、波動関数が何を意味するか、あまり語ろうとしなかったシュレディンガーだが、第2論文以降、彼の見解は明瞭なものになっていく。そこで示されるのは、ド・ブロイが提示した「電子とそれに付随する物質波」という二元論的なイメージではなく、波動一元論である。シュレディンガーにとって、電子とは波そのものなのである。

ド・ブロイが指摘したことだが、粒子の力学は幾何光学と形式的に類似している。そして、幾何光学に限界があるように、粒子の力学にも限界がある——シュレディンガーはそう主張する。

幾何光学は、透明な媒質の中を光線がどのように進んでいくかを論じる学問である。しかし、ヤングの二重スリット実験のように光の波動性が表面化する現象は幾何光学では説明できないし、波は直線的ではないから光線という概念も意味を失う。こうした現象に対しては、光を波動として扱う波動光学の理論が必要となる。ただし、周囲に存在する物体に比べて波長が充分に短いときには、波の回折や干渉は無視できるほどわずかにしか起きないため、波動光学は実質的に幾何光学と差がなくなる。つまり、幾何光学とは、あくまで波動光学で波長を短くした極限での近似的な理論であり、波動光学の方が幾何光学よりも根源的なのである。

シュレディンガーの考えでは、粒子についてのニュートン力学は、幾何光学に対応する「幾何力学」にすぎない。光の波長が周囲の物体と同程度のスケールになると、光の波動性が表に現れて幾何光学では説明の付かない現象が生じるのと同じく、原子内部のように電子のド・ブロイ波長と同程度のスケールでは、「幾何力学」で説明できない現象があらわになる。このとき、「幾何力学」よりも根源的な理論である「波動力学」が必要になる。この理論では、幾何光学の光線に相当する「電子の軌道」という概念は意味を失い、点状の電子が特定の軌道に沿って運動しているという描像を放棄しなければならなくなる。

……と、この辺りのシュレディンガーの筆致は冴え渡っているのだが、**波動関数Ψと電子が物理的にどのような関係にあるのかという点になると、とたんに話があやふやになってくる。**電磁場による電子ビームの屈曲、あるいは、蛍光板や霧箱（帯電した粒子の飛跡を小さな滴によって可視化する装置）を使った実験を通じて、電子が点状の粒子であるというイメージは既に定着していた。電子が示す粒子としての振舞いは、あらゆる場所で値を持つ波動関数Ψを使って果たして説明できるものなのか。

この問題について、シュレディンガーは、別個に「ミクロの力学からマクロの力学への連続的移行」という論文を書きおろした。そこでは、1つの振動パターンではなく多数の振動パターンを重ね合わせた「波束《はそく》」を考えることによって、粒子描像と対応が付けられることが示唆されている。

シュレディンガーは、振動子を用いた計算をもとに、波動方程式を満たすさまざまな波動関数に適当な定数を掛けて足し合わせると、ある場所に波が凝集するかのような関数が得られることを示した（図5参照）。しかも、この波の塊（波束）は、そのままの形を保ちながら、ニュートン力学に従う振動子と同じように振動を続けることになる。これはまさに、波動関数を使って古典的な粒子の姿を再現したものではないか。遂にシュレディンガーは、波動力学を使って粒子のように振舞う電子を作り出すことに成功した――ように見えた。

図5　凝集したまま振動する波束

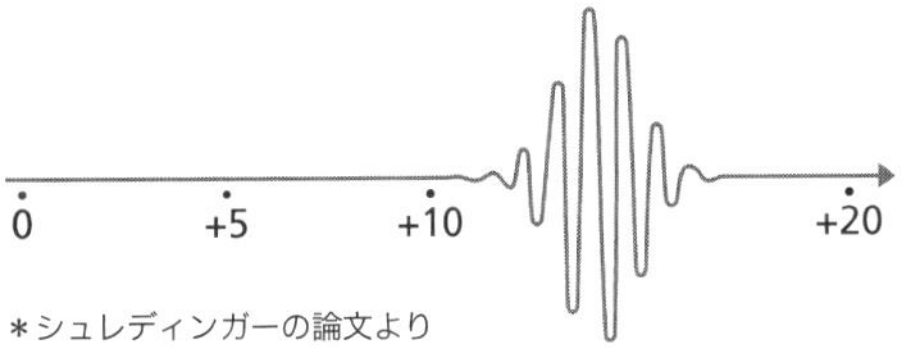

＊シュレディンガーの論文より

波動力学の崩壊

シュレディンガーの快進撃はほぼ1年にわたって続く。だが、1926年の終わり頃から、次第にほころびが目に付くようになる。

特に問題とされたのが、本当に波束が凝集した状態を安定的に維持できるのかという点である。1927年、ハイゼンベルクは、凝集する波としてシュレディンガーが具体的に示した波動関数は、波束が崩れないきわめて例外的なケースであることを指摘した。ほとんどの場合、どこかで波束を凝集させても、次第に崩れていってしまうのである。

凝集させた波束が崩れていくことは、波の一般的な性質である。例えば、いろいろな波を重ねて海の真ん中に突出した孤立波を作ることは可能だが、この波を初めの状態のまま維持するのは難しい。どうしても波は崩れて、また穏やかな海面に戻ってしまう。波動関数Ψも同様で、粒子のような状態を瞬間的に作ることはできても、それを長く保つのは困難である。陰極線のように物質の外部に飛び出した電子を波動力学で扱った場合、波束は確実に崩れて元に戻ることはない。ところが、物質の外に飛び出した電子こそ、まさに粒子として観測されているものなのだ。シュレディンガーの議論には、明らかに致命的な欠陥がある。ローレンツは、ふだんは粒子として存在し、原子の内側に入り込むとたんに波状化するというイメージを提案したが、これもあまり現実的ではない。

さらに、数学的な形式の面でもすっきりしない所がある。1個の電子を表す波動関数は、$\Psi(x)$と表される。位置座標xは空間全体をカバーしており、いかにも波動の場Ψが空間の中に遍在しているかのようだ。ところが、電子の個数が2個、3個…となると、波動関数は$\Psi(x_1, x_2)$、$\Psi(x_1, x_2, x_3)$…のように引数を増やしていかなければならない。もし、波動の場Ψが凝集して粒子状の電子を形作っているのならば、単一の$\Psi(x)$だけで充分なはずである。x_1, x_2, x_3…はそれぞれの電子の位置座標を表しており、まるで粒子が個別に存在することを前提としているような形式になっている。シュレディンガーが目指した波動一元論には程遠い。

少しずつ批判が増えてきたこともあって、さしものシュレディンガーも弱気になったのか、第

4論文では、Ψそのものを実在的だと考える解釈を改め、統計力学などで使われる一種の「重み関数」ではないかという見方を提案した。そして、読者にというよりは自分に向けて「この新しい解釈は一見するとショックに思えるかもしれない」と書き添えた。

現在では、波動方程式の解となるΨそのものが物理的に存在していると考える物理学者はほとんどいない。Ψは確かに何かを表しているのだが、それが何なのかを確言することができないのだ。

波動関数Ψについての最も実用的な解釈は、1926年にマックス・ボルン（1882〜1970）によって与えられた。それによると、Ψの波形を持った何かが実在するのではない。Ψは、ある事象が起きる確率を表すというのである。例えば、電子ビームを結晶に照射する実験で、回折された電子の位置を測定する場合、座標xの場所に見いだされる確率が$|\Psi(x)|^2$（Ψの絶対値の2乗）で与えられるという解釈だ。Ψは電子の運動の傾向性を表しているとでも言えようか。この解釈は、「電子とは何か」といった根源的な謎を不問に付してはいるものの、実際に波動関数を使って計算する際には最も便利で破綻のない解釈なので、現在でも通用している。

ド・ブロイとシュレディンガーは、電子は実は波動である（あるいは波動が付随する）と仮定することによって、ボーアの量子条件を導くことに成功した。しかし、波動関数そのものが電子を形作っていると解釈するのは無理がある。**それでは、電子の正体は何なのか？　また、その波動性は何に由来するのか？**　この時点では、まだ謎のまま残されているとしか言いようがない。

1926年という年は、しばしば量子力学が完成した年とされる。しかし、その一方で、全てを波として解釈しようとするシュレディンガーの壮大な野望があえなく潰えた年でもある。

最後に、ド・ブロイとシュレディンガーのその後について、簡単に触れておこう。

1928年からポアンカレ研究所の教授になっていたド・ブロイは、物質波のアイデアを提唱した功績で1929年のノーベル物理学賞を受賞する。だが、物質波についての自己流の解釈をソルベイ会議（3年に1度開催される物理学の会合で、小規模だが最先端分野についての突っ込んだ討論が行われる）で厳しく批判されたこともあって、物理学の分野であまり積極的な活動は行わなくなる。彼の解釈はデビッド・ボーム（1917〜92）によって継承されるが、こんにち、それを支持する物理学者はごくわずかしかいない。

1927年からベルリン大学に在職していたシュレディンガーは、ナチス政権の誕生をきっかけとしてイギリスに渡り、そこで1933年のノーベル物理学賞受賞の栄誉を受けた。しかし、ボルンによる波動関数の確率解釈に対してはどこまでも批判的であり、結果的に、正統的な量子力学研究の流れからはずれていく。その後、ナチスを逃れてヨーロッパ各地の大学を渡り歩きながらも、学界の流行にとらわれない自在な研究を進めていった。中でも、1944年の著書『生命とは何か』は、生物物理学の道を拓いたものとして高く評価される。オーストリアに帰郷した晩年には、やや無謀な統一理論の研究を行う一方、東洋哲学や宗教にも関心を示したと言われている。

第4章　もう1つの道——ハイゼンベルク・ボルン・ヨルダン

シュレディンガーは、原子の世界の物理法則を明らかにするというゴールに到達するために、ド・ブロイによる物質波のアイデアを拡張する方向に進んだが、同じゴールに向かって別のルートを辿る物理学者たちもいた。線スペクトルの測定データを元に、量子条件の拡張を目指したグループである。こうした試みは、数学的に難しいこともあって、最初のうちは漸進的な改良に留まっていた。だが、1925年にハイゼンベルクが成し遂げたブレイクスルーを契機として、わずか1年ほどの間に一気に体系的な理論——いわゆる行列力学——として完成される。

歴史的には波動力学より一足先に完成されたものの、行列力学は、波動力学よりも遥かにわかりにくく、具体的な応用が難しいという欠点があった。実際、1925〜26年の段階で、この理論をきちんと理解していた物理学者は、世界中で1ダースもいなかっただろう。わずかに遅れて波動力学が発表されたとき、大半の物理学者はそちらの研究に向かい、難解な行列力学には目もくれなかった。間もなく、それぞれの理論で用いられる概念を適切に解釈しさえすれば、行列力学と波動力学は、量子力学と呼ばれる1つの理論の2つの表現であり、どちらの手法で計算しても同じ結果が導かれることが判明する。こうなると、計算の容易な波動力学さえあれば充分であり、難解な行列力学は不要になるようにも思われた。

しかし、実際には、行列力学が持つ意味は、単に波動力学と同等の理論というだけではなかった。確かに、量子力学という枠の中で見ると2つの理論は同じ結果を導く。だが、この枠を越えて物理学を発展させようとするとき、行列力学の中で開発されたいくつかのテクニックが、決定的な役割を果たすことになる。

さらに言えば、行列力学は、優秀な人材を育てる格好の苗床だった。難解な理論の洗礼を受けたことにより、数学に強く理論構造に自覚的な若手研究者が、行列力学の周辺からいっせいに飛び立っていったのである。ハイゼンベルク、パウリ、ヨルダン、ディラックら、20代の恐るべき《アンファン》子供たち《・テリブル》である。

量子条件の改良

行列力学に至るルートの出発点になるのは、またしてもボーアの量子条件である。１９１３年に提案されてからほぼ10年間は、この条件の改良ないし拡張に費やされた。

電子が水素原子核の周囲を円運動しているときの量子条件は、第2章で述べたように $mvr = nh/2\pi$（第2章の式③）と表される。これを書き換えると $mv \times 2\pi r = nh$ となるが、mv が電子の運動量で $2\pi r$ が円軌道の長さだから、この式は、

（運動量）×（軌道長）$= nh$　$(n = 1, 2, 3 \cdots)$

という意味になる。円運動では、運動量の大きさは常に一定なので、式の解釈に疑義は生じない。

ところが、楕円運動のように運動量が刻々と変化する場合には、この式の左辺のような単なる積

では済まされなくなる。数学では、変化する量の積に相当するのが積分なので、量子条件は積分の式に置き換えられる。位置座標をx、運動量をpとすると、一般化された量子条件は、

$$\int pdx = nh$$ （積分の範囲は一周期にわたる）……①

となる（表現を簡単にするため、式を書くときには3次元のうち1つの座標だけを記すことにする）。言葉で言えば、「運動量を座標で一周期にわたって積分した値は、プランク定数hの整数倍になる」ということになる。この式は、ボーアの量子条件の改良版としてゾンマーフェルトによって導かれたので、「ボーア＝ゾンマーフェルトの量子条件」と呼ばれる。以下の議論でこの条件式を使った計算を行うことはないので、積分がわからない人は単なる記号だと思って眺めるだけでかまわないが、1つだけ重要な点を指摘しておきたい。それは、この条件式を元にすると、「振動子のエネルギーが$h\nu$の整数倍になる」というプランクの量子仮説が導けることである。

第2章で述べたように、ボーアの論文では、$mvr = nh/2\pi$という量子条件がプランクの理論から導けるかのような書き方がされていたが、実際には、この量子条件はプランクの量子仮説（$E = nh\nu$）とは別物で、後者から前者を導くことはできない。しかし、両者は互いに良く似ており、全く無関係には見えないだろう。それも当然である。実は、ボーア＝ゾンマーフェルトの量子条件という一般的な式を、水素原子の円軌道に適用するとボーアの量子条件になり、振動子に適用するとプランクの量子仮説になるのである。

プランクの量子仮説は、黒体放射がプランク分布になる理由の説明としては誤っていた（アインシュタインの光量子論の方が正しかった）が、振動子のエネルギーが$h\nu$の整数倍になることは一

般論としては正しい。このことは、第5章以降の議論で重要な役割を果たす。

新たに導かれた量子条件①は、原子模型を拡張する際に大いに力を発揮した。**ボーアの量子条件は運動量が一定の円運動にしか使えないが、ボーア＝ゾンマーフェルトの量子条件ならば、運動量が刻々と変化する楕円運動の場合でも、整数**（**量子数**）**によって指定される離散的な軌道になることが示せる**のである。電子が、こうした軌道の1つを長く回り続けることを「原子が定常状態にある」と言う。ただし、定常状態は永遠には続かない。何かの拍子に電磁波を放出ないし吸収して、別の軌道にぽんと飛び移るのである。このとき放出・吸収される電磁波が線スペクトルの元になる。

もっとも、考え方の枠組みはできたものの、これだけでは、線スペクトルの測定データと結びつけられるような理論的計算は、ごくわずかしかできない。ボーアは、量子論の不完全さを補うためにマクスウェル電磁気学の結果を部分的につぎはぎして取り入れる方法（いわゆる「対応原理」）を提案したが、それでも議論はごたごたしており、計算結果も測定データと食い違いがあった。こうした状況を改め、より根源的な理論を構築しようとしたのがハイゼンベルクである。

ハイゼンベルクの挑戦

1922年夏、まだミュンヘン大学の学生だったウェルナー・ハイゼンベルク（1901〜76）は、指導教官のゾンマーフェルトに連れられてゲッチンゲン大学を訪れ、ボーアによる一連の講演を聴く機会を得た。謎に包まれていた原子の問題について子供のように興奮して語るボーアに惹かれ、彼と個人的に議論することができたハイゼンベルクは、この分野の研究を生涯の目標として定める。1923年にゲッチンゲン大学でボルンの助手になったのを契機に、原子の線スペクトル問題を主たるテーマとして論文を矢継ぎ早に書き始めた。さらに、1924年から25年に掛けてコペンハーゲンに赴いてボーアの下で研鑽を積み、その方法論を身につけて帰国する。

ボーアは、1つの理論に固執することをひどく嫌った。常に複数の視点から対象を見つめ、それぞれの見方に応じて最適な理論を選び出し、これらをまるでパッチワークのようにつなげていくのである。こうした方法論において重要になるのが、各理論の適用限界を見極めることだ。実験・観測のデータと結びつけながら、ある理論に基づく考え方がどこまで通用するかを常に気に掛けていなければならない。

ボーアの薫陶を受けたハイゼンベルクは、線スペクトルの問題にボーア流の方法論を当てはめ、何が実験によって実証されているかを注意深く検討し始めた。

原子が安定でいられるのは、定常状態にある電子が電磁波を放出しないからである。しかし、マクスウェル電磁気学ではそうならない。電子が原子核に引っ張られながら曲線を描いて運動するときには必ず電磁波を放出する。それでは、**マクスウェル電磁気学が原子内部の電子に適用できないのはなぜか？**　ここで、ハイゼンベルクは大胆な推理をした。電子が曲線軌道を描くときには、電子は電磁場を揺さぶることになるので、電磁波を放出するのがふつうである。電磁波が放出されないのは、**そもそも電子が曲線軌道を描いていないからではないか？**

ボーアの原子模型では、電子が円運動をすると仮定されている。しかし、その円運動は観測されているだろうか？　ハイゼンベルクは考えを巡らし、否定的な解答に到達する。実験で観測されるのは、状態が遷移するときに放出・吸収される電磁波だけであって、定常状態にある電子の運動については、ほとんど何のデータもない。磁場を加えたときのスペクトルの変化を元に円運動すると推測しているだけで、実際に円軌道を描いているという証拠はどこにもない。いや、円軌道だけでなく、電子が何らかの軌道を描いて運動することを示すデータは存在しないし、また、曲線軌道を描くならば電磁波を放出すると考えるのが自然である。電子が軌道を描いて運動するという古典物理学の考え方そのものを否定すべきだ――ハイゼンベルクは、そう結論した。

　ニュートン力学では、物体の位置xは時刻tの連続的な関数として、$x(t)$と表される。この$x(t)$が決定されると、物体がある時刻にどこに位置するかがわかるので、物体の軌道が決定される。しかし、電子は軌道を描いていないとすると、理論の中で$x(t)$を用いることは許されない。それでは、何を使って計算を行えば良いのだろうか？

　実験によって確かめられるのは、原子が量子数mの定常状態から量子数nの定常状態に遷移するときに、ある振動数の電磁波を放出・吸収することである。もちろん、遷移する過程を計算するに当たっても、電子の軌道$x(t)$を使うことはできない。そこで、ハイゼンベルクは、軌道$x(t)$に代わるものとして、遷移前後の量子数を引数にした$x(n,m)$という量を考えることにした[1]。うまくいくかどうかはわからないが、とにもかくにも、この$x(n,m)$を使ってこれまで行われてきた線スペクトルの計算をやり直してみよう――これが、ボーアの方法論に則ってハイゼンベルクが打ち立てた研究方針である。

1925年夏、重い花粉症に罹ったハイゼンベルクは、療養目的で草木の生えていないヘルゴラント島を訪れ、そこでいくつかの計算を試みた結果、先の方針が妥当であると確信する。ゲッチンゲンに帰ってから短時日で論文を書き上げ、「出版に値するかどうか検討してほしい」とボルンに手渡した。ボルンは、見慣れない計算が延々と続く論文に当初はうんざりしたが、数日掛けて読み終えたときには、ハイゼンベルクの斬新なアイデアに魅了されていた。そのことは、読了直後に友人のアインシュタインに「ハイゼンベルクの新しい論文は、きわめて神秘的に見えますが、正しく奥深いことがすぐにわかります」（1925年7月15日付け書簡）と書き送っていることから窺える。

こうして発表されたハイゼンベルクの論文「運動学的および力学的関係式の量子力学による再解釈」は、行列力学の幕開けを告げるものだった。その冒頭では、電子の軌道が「いつか観測できるようになるといういっさいの希望を捨てるのが賢明」だと記されている。

もっとも、20世紀物理学に革命をもたらした画期的な論文だと期待して読むと、肩すかしを食らわされる。$x(n,m)$についての計算がいろいろと試みられてはいるが、一目見て「これは！」と思えるような成果はない。ボーア＝ゾンマーフェルトの量子条件を書き直そうとするものの、簡単な式にまとめられることを見落とし、中途半端なところで計算を止めてしまう。論文の後半は、かなり特殊なモデルについての退屈な計算が長々と続けられる。

見た目にあまりぱっとしない論文になった原因は、ハイゼンベルクの性格にある。彼は、がむしゃらに見えるほどチャレンジ精神の旺盛な研究者だった。未解決の難問があるとすぐに食らいつき、天才的なアイデアによって問題の本質に肉薄するものの、理論を練り上げないまま性急に舌足らずの論文を書いてしまう。言わば切り込み隊長である。後に続く研究者がいなければ、せっかくのチャレンジも実らない。

この論文の場合、幸いにも、ハイゼンベルクのアイデアに共鳴し、理論を発展させた物理学者が二人いた。ハイゼンベルクの研究を間近で見ていたボルンと、まだケンブリッジ大学で学位研究に携わっていたディラックである。

行列力学の誕生

1921年からゲッチンゲン大学の教授を務めていたボルンは、すでに量子論に関する論文を(何本かはハイゼンベルクと共著で)発表していた中堅研究者である。ちなみに、「量子力学(Quantum Mechanics)」という言葉は、1924年にボルンが論文のタイトルとして使用してから広く使われるようになったものだ。

ハイゼンベルクから論文の原稿を受け取ったボルンは、そこに繰り返し現れる

$\Sigma a(n,k)b(k,m)$ (和はkの全ての値について取る)

という形式の計算に何か引っかかるものを感じた。1954年のノーベル賞講演によれば、1週間にわたって考え抜いた末に、ようやく、学生時代に教わった行列の積であることを思い出したという。

図6 行列の和と積

行列 $A = \begin{pmatrix} a & b \\ c & d \end{pmatrix}$

行列 $B = \begin{pmatrix} x & y \\ z & w \end{pmatrix}$

のとき

$$A + B = \begin{pmatrix} a+x & b+y \\ c+z & d+w \end{pmatrix}$$

$$AB = \begin{pmatrix} ax+bz & ay+bw \\ cx+dz & cy+dw \end{pmatrix}$$

$$BA = \begin{pmatrix} ax+cy & bx+dy \\ az+cw & bz+dw \end{pmatrix}$$

数学で謂うところの行列とは、数を縦・横に順番に並べた表のようなもので、和や積が定義されている。行列AとBにおける縦方向のn行目、横方向のm列目の要素を、それぞれ$a(n,m)$、$b(n,m)$と書くことにすると、右の計算式は、ABという行列の積を作ったときのn行m列の要素を表している（図6参照）。**引数の足し算があふれていたハイゼンベルクの論文は、こうした行列の表現を用いれば、簡潔なものに書き改められる。**

ハイゼンベルクの原稿を出版社に送った後、ボルンが最初に取り組んだのは、行列を利用してボーア＝ゾンマーフェルトの量子条件①を書き表すことだった。第3章でも強調しておいたように、理論の基礎となる量子条件の式に前提として整数nが入っていることは、いかにも不自然である。実は、ハイゼンベルクも、自分の流儀で量子条件の式を書き換えようと試みていた。式①の左辺を$x(n,m)$などを使って書いた上で、量子数がnの場合と$n-1$の場合の差を取ることによって、nを含まない式を作ろうとしたのである。(2) しかし、途中で計算に行き詰まり投げ出してしまった。

ボルンはハイゼンベルクより先に進むことができたが、その大きな理由は、ハイゼンベルクと違って、位置xだけでなく運動量pも利用したことにある。xとpの行列表現を、それぞれX、Pと書くことにしよう。この2つを使ってハイゼンベルクが投げ出した計算を続けたところ、量子条件は、量子数nを含まない簡単な表現にまとめられた。それが、

$$PX-XP=(h/2\pi i)I\cdots\cdots②$$

という式である。ここで、Iは行列のかけ算で1に相当する単位行列で、iは$i^2=-1$となる虚数単位を表す。行列ではかけ算の順番によって結果が変わるので、PXとXPが等しくないことに注意してほしい。後年の回想によれば、ボルンは、この単純な式を思いついたとき「長い航海の末に待ち望んだ陸地を発見した水夫のように」興奮し、その場にハイゼンベルクがいないことを残念に思ったという。

もっとも、ボルンは、これがボーア＝ゾンマーフェルトの式に代わる新たな量子条件になることを証明できるほど、行列の計算が得意ではなかった。当時、行列が物理学の分野で使用されることは滅多になく、大学の講義でもあまり取り上げられなかったため、行列について知りたいと思った物理学者は、1924年に出版されたクーラン＝ヒルベルトの有名な教科書『数理物理学の方法』などを使って自分で勉強するしか方法がないはずだった。ところが、またとない幸運がボルンに味方する。ヨルダンという協力者が現れたのである。

ゲッチンゲン大学在学中から数学・物理学双方に秀でた学生だったパスクアル・ヨルダン（1902〜80）は、教授陣からの信頼が厚く、数学教授のクーランが『数理物理学の方法』を執筆する際にも、物理学教授のボルンが百科事典に結晶理論の解説を書くときにも手伝いをしてい

た。行列について専門的に勉強したことがあり、学位研究では光量子論を取り上げたヨルダンは、行列力学の共同研究者として打ってつけの人材だった。ボルンの要請に応じて彼が参加したことで、研究は一気にはかどる。

ハイゼンベルクの論文の2ヶ月後に完成したボルンとヨルダンの共著論文「量子力学について」は、見通しの悪かったハイゼンベルクの議論を行列表現を使って書き直し、具体的に計算を行う手順を示したものである。ここに、行列力学という新しい理論が誕生したと言って良いだろう。論文には、ヨルダンが一般的な証明を行った量子条件の式②が掲げられ、これを使って、エネルギー準位（整数で指定されるエネルギーの並び）などさまざまな物理量を計算するための指針が与えられている。

翌1926年には、ボルン、ヨルダン、ハイゼンベルクの連名で「量子力学についてII」という大論文が発表された。これは、ボルン＝ヨルダンの論文内容をさらに緻密に体系化したものである。ハイゼンベルクの最初の論文が書かれてからわずか半年ほどの間にこれだけの研究が成し遂げられたことは、正に驚異である。

ところで、行列力学を完成させた功績はハイゼンベルク、ボルン、ヨルダンの三人で分かち合うのが当然だと思われるのだが、ノーベル物理学賞は、アインシュタインがこの三人を推薦していたにもかかわらず、1932年になぜかハイゼンベルクひとりに贈られた。ボルンはかなり遅れて1954年に、主に確率解釈を提唱したことが認められて受賞するが、ヨルダンは遂に選から漏れた。量子力学の構築に重要な役割を果たしながらノーベル賞がもらえなかったのは、彼とゾンマーフェルトくらいである。

波動力学との関係

行列力学は、形式的には1926年の初めに完成するが、学界での評判は芳しくなかった。現在の目で見ると、基礎的な方程式が完全な形で提出されたのだから、立派な理論ができあがったように思える。しかし、当時の人からすると、形式しか整備されていなかったと言える。難解な割に実りが少なく、理論として使い勝手が悪いのだ。ボーアの原子模型は、量子条件の物理的な意味が曖昧だったにもかかわらず、水素原子の線スペクトルを説明できたために高く評価された。ところが、行列力学では、水素原子の計算すらできていなかった。他の物理学者を納得させるには、せめて水素原子のエネルギーを計算してリュードベリの公式が再現できることを示せなければならない。

この課題を遂行したのがウォルフガング・パウリ（1900〜58）である。かつて1歳年下のハイゼンベルクと共にゾンマーフェルトの学生だったパウリは、ハイゼンベルクの前にボルンの助手を務め、1922年にゲッチンゲンで行われたボーアの講義をハイゼンベルクとともに聴講し、1922〜23年にはハイゼンベルクに先立ってボーアの下で研究を行っていた。パウリとハイゼンベルクは、性格は正反対だったがボーアの影響を受けたという点で共通しており、主に手紙のやり取りを通じてさまざまな問題を議論しあっていた。1925年のハイゼンベルクの論文も、パウリはボルンより先に草稿を見せられており、早くからその手法に馴染んでいた。

行列力学に基づいて水素原子のエネルギーを計算するのは、きわめて厄介な作業となる。ボーアの原子模型のときのような初等的な計算だけでは済まない。パウリは、秀才揃いと言われる量子論の若手研究者の中でも飛び抜けた才能を持っていたが、その彼ですら、一応の結果を出すまでに3週間、論文を完成するまでに2ヶ月以上もかかった。発表された論文は膨大な数式に溢れており、見ているだけでめまいがするほどだ。それでも、論文の終盤には、よく知られた水素原子のエネルギー準位の式がきちんと導き出されている。これを見れば、他の物理学者も行列力学が役に立つことを認めるはずだ……

…はずだったが、間の悪いことに、パウリの論文より早くシュレディンガーによる波動力学の第1論文が刊行され、またたくまに学界を席巻していた（投稿日はパウリの方が10日早いが、出版されたのはシュレディンガーの方が先だった）。波動力学を使えば、微分方程式を解くことによって水素原子のエネルギーを簡単に求めることができた。計算が異常に難しい行列力学は、たとえ同じ結果を導けたとしても、形無しである。

シュレディンガーの論文を読んで、ボルンは落胆し、ハイゼンベルクは怒り狂ったと言われている。だが、具体的な計算を遂行したパウリの感想は少し違っていたようだ。行列力学と波動力学は、外見は全く異なっているが、共にボーアの量子条件を導きの糸とし、水素原子のエネルギー準位として同じ式を導く以上、何らかのつながりがあるに違いない――そう考えて、両者の関係を模索する作業を開始した。

同様の試みは、シュレディンガーの側からも始められる。当初は、ハイゼンベルクらの理論が数学的にきわめて難しく、また直観性にも欠けるため、「反発を感じるとは言わないが、いささか怖じ気を催す」と敬遠気味の態度を示していたが、パウリと同様に、2つの理論の結びつきを考えるべきだという思いに突き動かされて、研究に着手する。

間もなくシュレディンガーは1つの結論に到達し、少し遅れてパウリも同じ答えを（より厳密な形で）得た。**行列力学と波動力学は、まるで違った外観をしていながら、実は、同じ理論——これを量子力学と呼ぼう——の異なる表現だった**のである。両者の同一性を解明したシュレディンガーの論文を読んだ大御所ローレンツは、当時の多くの物理学者の心境を代弁するかのように、「おかげさまで、ハイゼンベルク＝ボルン＝ヨルダンの仕事にもパウリの仕事にも感じていた疑念が晴れました」と書き送った（1926年5月27日付けシュレディンガー宛書簡）。

同じものに2つの表現があるということは、例えば、地球上の位置を表す座標にさまざまなタイプがあるのと似ている。ある場所を「北緯何度何分、東経何度何分」と表すこともできるし、「東京から北北東の向きに何キロメートル」と言うことも可能だ。これと同じように、量子力学の数学的な表現も、何をベースにするかで変わってくる。ここでベースと言ったのは、厳密には代数学に出てくる「基底《ベース》」のことだが、日常用語としてのベース（基準になるもの）の意味で理解しても差し支えない。

行列力学では、ボーア流の方法論に則って、ベースが量子数nの定常状態に限定され、物理量は、$x(n,m)$のような行列の形で表されていた。これに対して、波動力学では、ベースとして、「電子が位置xにある状態」——簡単に位置x状態と呼ぼう——を使っている。ある定常状態についての波動関数$\Psi(x)$とは、位置x状態をベースに定常状態を表したものなのだ[3]。このような表現を用いると、連続変数であるxについての微分方程式が使えるようになるので、行列力学に比べて計算は遥かに容易になる。

ただし、位置x状態が使われたからと言って、原子の内部で実際に電子が位置xに存在するわけではない。位置x状態は、あくまで計算式を表現するために用いたベースであって、これを最後まで残しておくと、波動関数$\Psi(x)$が電子の実体であるといった誤解を生みかねない。また、電子がいくつも存在する場合は、「電子1が位置x_1にある状態」「電子2が位置x_2にある状態」…とそれぞれの電子に関するベースが必要となり、波動関数も、$\Psi(x_1, x_2\cdots)$のような複雑な形にせざるを得なくなる。

一方、行列力学は、「定常状態での電子の位置」といった観測不能な量は使わないという方針にこだわりすぎた結果、微分方程式が使えず計算がひどく難しくなった。エネルギー準位などを計算するだけならば、使い勝手の悪い行列力学をわざわざ利用する必要はない。しかし、だからと言って、行列力学は不要だったというわけではない。行列力学の構築に際してハイゼンベルクが用いた方法論は、物理量とその表現の関係について自覚的になることを促すものであり、理論をさらに発展させるきっかけとなった。ここで登場するのが、ポール・ディラック（1902〜84）である。

ディラックの量子条件

ディラックは、ケンブリッジ大学在学中に読んだハイゼンベルクの論文に触発されてこの分野に参入したが、その方法論は、ゲッチンゲン・グループとは一線を画するものだった。数学的な美しさに魅入られたディラックは、ハイゼンベルクの議論に含まれる余分な要素を削ぎ落としていき、電子の位置xと運動量pに関する量子条件として、

$$px - xp = h/2\pi i \cdots\cdots ③$$

なる式を（ボルンたちとは独立に2ヶ月遅れて）導いた。

ディラックの量子条件③は、改良が続けられてきた量子条件の言わば決定版である。ボーアの量子条件（第2章の式③）やボーア＝ゾンマーフェルトの量子条件（本章の式①）は整数nを含んでおり、エネルギーなどの物理量を離散的にするために人為的にあつらえた条件式だと言われても仕方のないものである。ボルンの量子条件（本章の式②）には整数が含まれていないが、n行m列の行列を表現する際にやはり整数が入り込んでくる。第3章で紹介したシュレディンガーの理論は、量子条件を波動関数に対する要請に置き換えることで整数を排除したが、「波動関数Ψは何を表しているのか」という厄介な解釈問題を背負い込む結果となった。[4] これに対して、ディラックの式③は整数も波動関数も含んでいない。この式は、行列力学や波動力学のような特定のベースを使った表現ではなく、物理的な実在そのものの関係式なのである。行列力学の量子条件②は、ディラックの量子条件のpとxを行列（PとX）で表した特殊な表現にすぎない。ディラックは、1926年の論文で、この量子条件の式③こそ「実用的な理論が作られるための最も単

純な要請に思える」と記している。

ディラックが導いた量子条件③は、現代物理学の神髄である。これまでに人類が書き記した関係式の中で、エントロピーを表すボルツマンの関係式 $S = k\log W$ と並んで、単純にして深遠の極みと言えるだろう。正直な話、この量子条件に秘められた真の意味を理解できる人間が地球上にいるとは思えない。量子力学に見られるさまざまな不思議が、ここに凝縮されているのだ。

この式には、位置 x と運動量 p が現れる。しかし、ニュートン力学で馴染みのものとは、ずいぶんと様相が異なっていることに気づくだろう。なぜなら、左辺で x と p の積の順番を入れ替えて差を取っているが、ニュートン力学に現れる位置と運動量ならば、この差はゼロになるはずだからだ。位置が x 軸上で原点から3メートルの距離にあれば $x=3$ となり、質量1キログラムの物体が毎秒4メートルで動いているなら運動量 $p=4$ である。$px=xp=12$ となって、かけ算の順番を変えても差はない。しかし、ディラックの量子条件では、差がゼロになっていない。

ハイゼンベルクは、原子内部の電子の位置を追跡することは不可能だという考えから、計算を行う際に x や p があらわにならないような理論を苦心して作り上げた。これに対して、ディラックはもう一歩進んで、**量子論に従う物理量を記述するには、ニュートン力学やマクスウェル電磁気学のときとは異なる数を用いなければならない**と主張したのである。それが、**積の順番を入れ替えると結果が異なる数**である。ディラックは、こうした数のことを、**量子論的な数**（quantum number）という意味で**q数**と呼び、ニュートンやマクスウェルの物理学で用いられてきた古典的な数（classical number）——c数——と区別した。

q 数は、$x=3$ や $p=4$ と表せるような確定した値を持つ数ではない[5]。q 数は数値で表せないため、c 数を用いた間接的な記法を使って表現しなければならない。行列力学における行列も、波動力学における波動関数も、q 数を表現するために導入された c 数である。

位置と運動量の不確定性

位置と運動量がディラックの量子条件③を満たす q 数であることは、物理的に何を意味するのだろうか？　ハイゼンベルクは、1927年に発表した論文「量子論的な運動学および力学の直観的内容について」で、この問いに1つの解答を与えた。

ハイゼンベルクにこの論文を書かせるきっかけになったのが、アインシュタインの批判である。1926年春にベルリンのコロキウムでハイゼンベルクに質問する機会を得たアインシュタインは、「電子の軌道のような観測できない概念は放棄しなければならない」という見解を批判し、霧箱の例を挙げて反論した。霧箱とは、1911年に放射線を可視化するために開発された装置で、内部は過飽和状態になったアルコールなどの蒸気で満たされている。この蒸気の中に電荷を持った高速の粒子が飛び込んでくると、近くにある蒸気の分子から電気的な力で電子を弾き出す。これが引き金となって不安定な過飽和状態が崩れ、微小な滴が形成されるため、粒子が飛んだ道筋に沿って点々と跡が残ることになる。霧箱で電子ビームの飛跡を見れば、そこに電子の軌道がくっきりと描き出されるというわけである。これは、軌道という概念を放棄しなければならないという主張の反例になっているのではないか！

アインシュタインは、特殊相対論を構想するとき、絶対時間（全宇宙で等しく流れる時間）を安易に前提とすることを拒否し、観測者がそれぞれ持っている時計を使って同時性を定義する方法を考察した。ハイゼンベルクは、観測できないものの存在を疑うという方法論をここから学んだつもりでいたので、アインシュタインからの批判は相当にショックだった。だが、それがかえって刺激になったのかもしれない。彼は、この問題について徹底的に考え抜き、さらにはパウリとの討論や手紙のやりとりを通じて、解決策を模索した。

霧箱では、電子の飛跡を観測することができる。しかし、目を凝らして見ると、それは線状の軌道ではなく、電子が通った道筋の近くで凝結した滴の連なりにすぎない。また、霧箱に磁場を加えると、電子は運動量に比例する半径で円を描くはずだが、定規を使って半径を測ろうとしても、飛跡にピタリと定規を当てるのが難しい。確かに飛跡は残されているが、位置も運動量もなかなか確定できない。**たとえ霧箱に飛跡が残されていたとしても、「電子は軌道を描いて運動する」とは言えないのである**。

それでは、位置や運動量は、どの程度まで確定できるのだろうか？　ハイゼンベルクは、量子力学の計算を行うことによって、位置と運動量の確定し得る精度が、ディラックの量子条件③によって制限されることを見いだした。位置と運動量の不確かさをそれぞれ Δx、Δp と表すと、$\Delta x \Delta p \sim h$ となる[6]。つまり、x についてとことん正確に測定しようとする（Δx をゼロにする）と、p が全く決められなくなる（Δp が無限大になる）し、逆に、p を正確に測定しようとすると、今度は x が決まらない。x と p を同時に完全に決定することはできないのである。これが有名な

「不確定性原理」である。

不確定性原理の意味

不確定性原理は、哲学的な認識論にも係わる深遠な内容ゆえに広く知られる所となったが、その一方で、ハイゼンベルクの解釈には重大な欠陥があった。この欠陥は、不確定性が避けられないことの説明として彼が持ち出した次のような思考実験に示されている。

電子の位置と運動量を測定するには、電子に光を当てて反射光を測定すれば良い。光量子論によると、照射された光量子が電子とぶつかって跳ね返され、測定器に飛び込んで、波長や振動数、進行方向などの情報を与える。この情報から、電子の位置や運動量を求めることができる。ただし、位置と運動量を2つとも任意の精度で求めるという訳にはいかない。位置を正確に決めようとすると、光のビームを絞り込まねばならず、そのためには、波長が短く振動数の高い光を使わなければならない。ところが、振動数が高いと光量子のエネルギーが大きく、電子を跳ね飛ばして運動量を大きく変えてしまう。逆に、運動量を正確に決めるには、振動数の低い光を照射して振動数の変化を調べれば良いが、振動数の低い光ではビームが拡がってしまうので、電子の位置が正確にはわからなくなる。このため、位置と運動量を同時に正確に決めることはできない——というのがハイゼンベルクの主張である。

この説明では、不確定性原理とは、「電子自体の位置と運動量は正確に定まっているのに、測定しようとすると対象の状態を乱してしまうので、人間にはそれを知るすべがない」という意味に解釈される。ハイゼンベルク自身、不確定性について語るとき、「情報（Auskunft）が与えられない」とか「不正確にしか知り得ない」という言い回しを用いており、不確定なのは人間が得る情報であるかのように論じている。

しかし、この解釈は正しくない。**人間が知る知らないにかかわらず、電子の位置と運動量は不確定性原理を満たしている。**例えば、原子内部で電子が原子核と合体しないでいられるのも、不確定性原理の現れである。仮に電子が原子核にくっつくとすると、位置の不確定性はたかだか原子核のサイズに制限されるが、そうなると、不確定性原理 $\Delta x \Delta p \sim h$ によって Δp がきわめて大きくなり、その結果として電子は大きな運動エネルギーを持つため、結局、原子核の引力を振り切って飛び去ってしまう。つまり、電子は不確定性原理によって原子核と合体できず、原子も崩壊せずに済むのだ。これは、人間がどのような情報を得るかには無関係な現象である。

論文を執筆した時点で、ハイゼンベルクに「電子は粒子である」という強い思いこみがあったことは否定できない。粒子ならば、人間が測定しなくてもどこかに位置していると考えるのが自然であり、位置に不確定性があるとすれば、どうしても「人間にはそれがどこかを決められない」という意味に理解してしまう。**ハイゼンベルクは、位置や運動量のようなニュートン力学の概念には批判的な眼差しを向けたが、粒子という古典的な概念へのこだわりを捨てることができなかった**のだ。

ハイゼンベルクによる不確定性原理の解釈に欠陥があることは、論文の草稿を読んだボーアによって指摘された。ボーアは、「電子が粒子である」というのは一面的な見方であり、不確定性原理について考察する際には、「電子は波動である」という視点に立つことが必要だと主張した。電子が壁に開けられた小さな穴を通り抜けることを考えよう。通過する際の電子の位置は穴の大きさの範囲で確定するので、不確定性原理によって横方向に不確定な運動量を持つことになり、穴を通過する際に進行方向が曲がる。ところが、この現象は、波が穴を通過するときに見られる回折とそっくりである。波の場合、穴が小さいほど大きく回折されるが、この関係も不確定性原理と同じだ。

不確定性原理は波動性の現れであるという見方に対して、ハイゼンベルクは激しく抵抗した。無理もないだろう。彼はそれまで、電子が波動関数の波束であるとするシュレディンガーの主張を打破しようと論陣を張っていた。波動性を受け容れることに対して、論敵の軍門に下るような屈辱感を覚えたのかもしれない。

もちろん、ボーアはシュレディンガーの解釈を採用したわけではない。「電子は波動関数Ψで表される波ではない」という考えに変わりはないのだが、かと言って単なる粒子でもなく、粒子性と波動性を併せ持つものとして捉えるべきだと考えたのだ。こうした考えを支持する根拠は、いくつかの実験や理論を通じて集まり始めていた。電子ビームの回折を示したデイビソンの実験結果が刊行されるのは少し後になるが、粒子・波動の二重性を包括するディラックの理論は、第5章で述べるように、すでにボーアに伝えられていた。まだ理論が未熟なこの段階では、ハイゼンベルクのように粒子にこだわるのでも、シュレディンガーのように波動にこだわるのでもなく、両方の見方をうまく相補的につなぎ合わせることによって、はじめて偏りのない解釈が可能になる――ボーアは、そう言いたかったに違いない。

当初は感情的になり、悔し涙まで流してボーアに逆らっていたハイゼンベルクだが、最終的には妥協する。不確定性原理を提唱した論文の末尾には、「校正時の追記」として、いかにも渋々といった感じでボーアの見解が付け加えられている。このときハイゼンベルクは、2年後に自分が物質波のアイデアに基づく理論（量子場の理論）を構築することになるとは思ってもみなかっただろう。

不確定性原理は、q数の特異な性質を明らかにした。ディラックの量子条件③を満たすq数の組xとpは、どちらも値が1つに定まらず、ぼんやりと拡がっている。xとpによって表されるシステムは波のように振舞い、その現れとして不確定性原理に従う。したがって、こうしたシステムを有限な領域に閉じ込めた場合には、閉じ込められた波の一般的な振舞いとして、エネルギーなどの物理量が離散的な値になる。こうしたq数の特徴は、**粒子性と波動性を調和させるための次なるステップ**へと、物理学者を導くことになる。

第5章　光の場——ディラック

波動力学と行列力学が統合された量子力学の完成によって、原子のエネルギー準位や結晶で散乱された電子の分布などについて正しく予測できるようになった。しかし、これだけではまだ、**原子レベルで起きるダイナミックな現象**を正しく理解したことにはならない。電磁場との相互作用が含まれていないからである。

量子力学は、半経験的な計算テクニックにすぎなかったそれまでの量子論を革新し、精密な予測を可能にしたが、その定式化に位置 x という量が使われていることからもわかるように、あくまで粒子を取り扱うための理論にすぎない。量子力学という大仰な呼称に惑わされがちだが、実は**粒子の量子論**と呼ぶべきものなのである。量子力学を使えば、与えられた電磁場内部での電子の振舞いは計算できる。しかし、電子の運動が電磁場を揺り動かし、その結果として生じた変動が周囲に伝わって他の電子に作用を及ぼすといった過程を扱うことはできない。

ここで求められるのが、粒子ではなく電磁場のような場を対象とする**場の量子論**である。電磁場に関する量子論としては、ようやく定説としての地位を獲得していたアインシュタインの光量子論があったが、この理論は、光が $h\nu$ というエネルギーの塊として振舞うという仮説以上のものではなく、光量子がいかなる方程式に従って伝播し、電荷を持つ粒子とどのような形で相互作用するかを数式で表すことはできなかった。**量子論の出発点となった光量子論が定式化できていないという事実は、量子論が、１９２６年の時点では未完成であることをはっきりと物語っていた。**

電子を扱う「粒子の量子論」と肩を並べる理論として、光を扱う「場の量子論」を作らなければならない――これが、物理学者に与えられた次なる課題となった。本章では、この課題に対する解答となる１９２７年のディラックの理論を中心に解説する。

ただし、ディラックによる光の理論が登場したことで、万事がうまくいった訳ではなかった。19世紀的な原子と場の二元論をそのまま受け継いだ形で「粒子の量子論」と「場の量子論」を並存させようとする試みは、光の理論に適合するように電子の理論を書き改める過程で、欠陥を露呈することになる。改良された電子の理論には、負のエネルギーという厄介者が含まれていたのである（第６章）。この問題を解決するためには、原子と場の二元論を超克しなければならなかった（第７章）。

振動の量子論

光とは、電磁場の振動が波として伝わっていくものである。したがって、**光を扱う場の量子論を構築するためには、まず、振動についての議論から始めなければならない。**

振動の量子論の端緒となるのは、１９００年にプランクが提唱した量子仮説である。プランクのもともとの主張は、電子やイオンで構成された振動子が $h\nu$ の整数倍のエネルギーしか持てないというものだった。しかし、振動子が何からできているかということは、もはや重要ではない。すでに見たように、振動子のエネルギーが $nh\nu$ になることは、議論の前提ではなく、ボーア＝ゾンマーフェルトの量子条件（第4章の式①）から導けるのだ。さらに、ボーア＝ゾンマーフェルトの量子条件は、q 数を使ったディラックの量子条件「$px-xp=h/2\pi i$」（第4章の式③）として書き直される。したがって、**振動しているものが何であれ、それがディラックの量子条件を満たすことさえ仮定すれば、エネルギーが $h\nu$ の整数倍に離散化された振動の量子論が作れるはずである。**

振動の量子論を考える際に良く使われるのが、調和振動子である。調和振動子とは、振動現象を議論するのに好都合なように単純化されたモデルで、具体的には、フックの法則に従うバネにおもりを取り付けて振動させる装置をイメージして頂きたい（おもりに重力が作用すると話がややこしくなるので、無重力空間に置かれたバネを考えることにする）。手を離してもおもりが静止していられるのは、バネが伸びても縮んでもいない場合で、このときのおもりの位置が平衡点となる。おもりを平衡点から少しずらすと、フックの法則によって平衡点からの距離に比例する復元力が作用するため、おもりは一定の振動数で振動を始める。平衡点を原点とする位置座標を x とすると、ニュートンの運動方程式は、

$$\alpha=-(2\pi\nu)^2x\cdots\cdots①$$

となることが知られている。ただし、α はおもりの加速度、ν は振動数である。

量子力学の手法に基づいて調和振動子の振舞いを厳密に解析することは、前章で紹介したボル

ン＝ヨルダンの論文「量子力学について」で行われた。それによると、行列を用いた地道な計算によって求めたエネルギー（おもりの運動エネルギーとバネの弾性エネルギーの和）の値Eは、振動数がνのとき、プランクの量子仮説と同じく$E=nh\nu$となった[1]。この結果を導く際には、調和振動子がバネとおもりからできているという仮定はいっさい使われていない。つまり、$E=nh\nu$という関係式は、方程式①に従う振動子ならどれにでも成り立つものであり、何が振動しているかによらないのである。

　ここでエネルギーがとびとびの値になるのは、量子論的なバネの振動が「閉じ込められた波」のように振舞うからである。エネルギーが有限のときバネが振動する範囲は平衡点の周囲に限られるため、調和振動子の波動関数もその付近に制限されることになり、実質的に閉じ込められた波となる。その結果、バスタブの中に閉じ込められた定在波と同じように、特定の振動パターンだけが許され、エネルギーの値が離散的になるのだ。

　調和振動子のエネルギーは、振動しているものが何であれ、$h\nu$の整数倍になる。このことと、電磁場の振動である光が$h\nu$というエネルギーの塊のように振舞うこととの間には、密接なつながりがあると考えるのが自然だ。例えば、デバイ（シュレディンガーにド・ブロイの学位論文の解説を頼んだという言い伝えのあるあのデバイ）は、空洞共振器内部の電磁場の振動を考えることで、光量子の振舞いが再現できることを指摘している。

　空洞共振器とは、金属のように電磁波を反射する素材で囲まれた空洞から成る装置で、電磁気の実験や応用に使われる。電磁波はどこにも逃れられないため、空洞の内部で定在波となり、空洞の形で決まる固有振動数νで振動するようになる。このとき、振動する電場・磁場の振幅は空洞内部の場所によって異なるが、時間とともに変化する仕方は全て共通しており、次の方程式で決定される。

$$\alpha = -(2\pi\nu)^2 x \cdots\cdots ②$$

ここでxと書いたのは電場や磁場のある成分、αはその成分の加速度に相当する量（時間で2階微分した量）である。この式は、式①のおもりの位置座標を電場・磁場の成分に読み替えただけで、式の形は全く同じである。したがって、電場や磁場が量子論に従う――ディラックのアイデアを使えば、電場や磁場がq数で表される――ならば、電磁場のエネルギーは、調和振動子と同じく$nh\nu$になるはずだ。

ここで、「エネルギーが$h\nu$のn倍になる」という状況を「エネルギー$h\nu$がn個ある」と言い換え、エネルギーの要素となる$h\nu$を実体的な何かだと想像してみよう。実体的とは言っても、どこかに存在する小さな粒子を思い描く必要はない。空洞共振器内部に拡がったエネルギーのまとまりがあって、振動が激しいときにはこのまとまりの数が増しているというふうにイメージすれば良い。$nh\nu$が電磁場が振動するときのエネルギーだという常識に囚われていると、この想像は難しいかもしれない。しかし、ここで扱っているのは、きわめて小さなエネルギーなのだ。可視光線の$h\nu$は、1グラムの物体を1センチの高さから落としたときに持つエネルギーの100兆分の1以下である。こうした極小のエネルギーを扱うとき、常識は通用しない。**常識を捨てて$h\nu$を実体であるかのようにイメージすると、**空洞共振器内部には、**エネルギー$h\nu$のまとま**

りがn個存在していることになる。このエネルギーのまとまりこそ光量子に他ならない。

今の段階では、このイメージは、振動の量子数nを光量子数の個数と言い換えただけの言葉遊びにすぎない。しかし、問題解決の道がこの方向にあることは明らかだろう。光量子とは、光の粒子と言うよりも、振動のエネルギーの要素なのである。

もっとも、実際の電磁波は、同じ場所で振動するだけではない。電場と磁場が互いに相手を誘起しながらどこまでも伝わっていく波である。こうした進行波を扱うためには、ある場所での振動が他の場所に影響を及ぼす過程を取り上げなければならない。これは、空洞共振器内部の振動に比べて段違いに難しい課題であり、容易に解決できそうになかった。

弦の量子論

研究が行き詰まったとき、科学者は、できるだけ単純なモデルを考えて解決の糸口を探すことが多い。ボルン、ヨルダン、ハイゼンベルクの共著論文「量子力学についてII」では、本格的な光の量子論を作る前の叩き台として、弦の振動が取り上げられた。

パウリに宛てたハイゼンベルクの手紙（1926年10月23日付け）によれば、弦の振動に関する部分は、ヨルダンが単独で執筆したという。論文の末尾に置かれ、全体の調和を崩すほどに式がゴタゴタしてわかりにくいが、これこそが、**量子場の理論に向けての最初の一歩**だった。

ヨルダンが考えたのは、伸びた長さに比例した力で縮もうとするゴム紐のような弦である。こうした弦は、小さなバネとおもりを連結したシステムと同じであり、複雑なパターンの振動を行

図7 振動する弦についてのヨルダンの理論

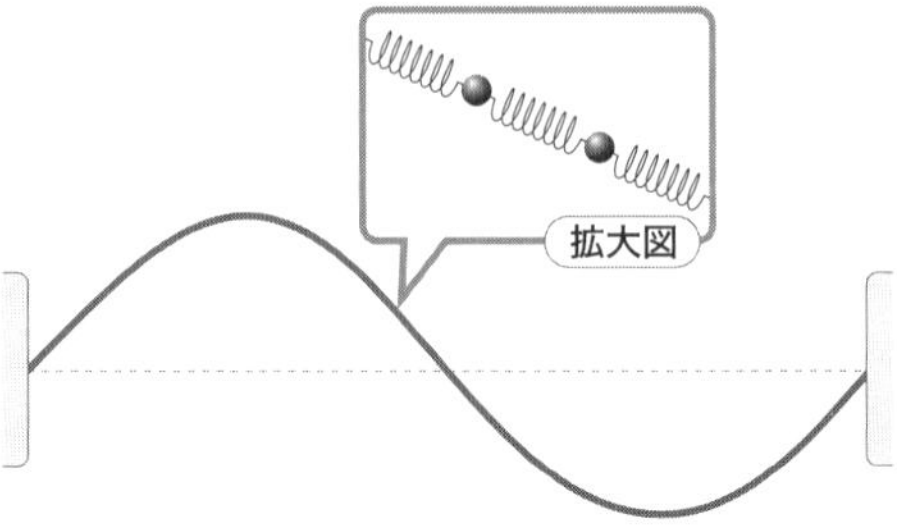

ヨルダンが考えたのは、おもりを取り付けた小さなバネが無数に連結されているような弦である。1つ1つのバネが量子論的に振舞う結果として、弦全体は、粒子と波動の二重性を示すことになる。

う。ヨルダンは、こうした複雑な振動を、振動数νの振動の重ね合わせとして表す方法を考察した。ある振動数νによるエネルギーは、調和振動子の場合と同じように$h\nu$の整数倍となる。弦全体が持つエネルギーは、これをさまざまなνについて足し合わせたものになる。ただし、弦の振動では、たくさんの調和振動子がただ並んでいるだけの場合とは異なり、異なる振動数の振動が互いに影響を及ぼしあうことも示された。こうした相互の影響があるため、量子化された弦の振動は、$h\nu$というエネルギーのまとまりが集まったものと見なすことはできず、振動が弦を伝わっていくことに起因する波動的な性質を残していた[2]。光量子が粒子と波動の二重性を示す理由が、ここにかいま見えてきたのである。

弦の量子論に関するヨルダンの研究は、量子論の歴史において重要な意義を持つ。**それまでの波動力学や行列力学は、何もない空間の中を飛び回る電子を扱う理論であり、言うなれば原子論の立場に立っていた。これに対して、ヨルダンは、拡がりを持つ対象に量子論を適用する方法を探求した**のである。もっとも、ヨルダンの議論はかなり難解で、ゲッチンゲンの仲間にすら充分に理解されたわけではない。ハイゼンベルクは、パウリに宛てた先の手紙の中で、自分はこの分野に詳しくないので、ヨルダンの議論が正当かどうか判断がつかず残念だとこぼしている。

ヨルダンの業績によって、**光の量子論を定式化する**ための方向性が明確になった。ヨルダンが弦に対して行ったことを、電磁場に移し替えれば良いのである。しかし、まだ決定的に欠けている点があった。電子と光の相互作用が含まれていなかったのである。

ディラックの挑戦

次なる一歩は、ディラックによってもたらされた。1927年に発表された論文「光の放出と吸収の量子論」は、**相互作用を行っている場に量子力学を適用する方法を与える**ものだった。

フランス語教師だった父親の厳格な教育方針の下で育てられた少年時代のディラックは、父親への反感からか、押しつけられた古典的な教養よりも数学への興味を募らせていった。ブリストル大学では就職のことを考えて電気工学を修めるものの、数学への関心を断ちがたく、1921年に学位を取得した後も応用数学の勉強を続け、1923年には、一般相対論と量子力学の勉強のためにケンブリッジ大学に赴く。ここで（第4章で述べた量子条件の研究によって）1926年に博士号を取得すると、その後は人生の大部分をケンブリッジで過ごした。1932年からは、ニュートンが務めたことのある名誉あるルーカス教授職に就任する。ちなみに、宇宙論で有名なホーキングは、ディラックの二代後のルーカス教授である。

ディラックほど「天才」という称号の似つかわしい物理学者は少ない。秀でた額とダンディな口髭が印象的な風貌は、「白皙の哲人」という古めかしい言い回しを思い起こさせる。斬新なアイデアを駆使して混乱した議論を鮮やかに収拾する手腕は、余人には及びもつかない。しばしば新しい数学の技法を独自に開発し、専門の数学者に研究材料を提供した。例えば、彼が考案したデルタ関数は、その後、超関数論と呼ばれる数学の一分野を形成するきっかけとなった。ディラックは実験や観測のデータをうまく説明することよりも、数学的な美しさを備えた理論の構築を重視していた。その徹底した姿勢は、物理学における美の探求者と言いたくなる。

「光の放出と吸収の量子論」の冒頭で、彼は、電子による光の放出・吸収の過程に関して、当時の量子力学が満足のいくものではないことを強調した。その上で、電子と光の相互作用を含む完全な理論の構築はまだおぼつかないものの、ある手法を用いれば一歩進んだ理論を作ることは可能であると論じた。

ここでディラックが用いたのが、摂動論《せつどう》と呼ばれる手法である。

摂動論とは、天体力学などで古くから用いられていた計算法である。惑星の軌道を求める際に、まず、主要な作用となる太陽からの重力だけを使って計算し、そこに他の惑星からの重力による摂動（小さなズレ）を段階的に加えていく——というのが典型的な摂動論の計算である。この計算法は、主要な作用と微小な補正が分離できるならば、いろいろな分野に応用できる。例えば、次のような簡単な方程式を考えてみよう。

$$x-(1/100)x=1$$

もちろん、いきなり $(99/100)x=1$ として計算してしまっても良いのだが、摂動論を使って解くこともできる。左辺の第2項は第1項に比べると小さく、この項がなければ直ちに $x=1$ と求

められる。元の方程式の正しい答えは、1から1/100程度ずれているはずなので、

$$x = 1 + (1/100)a$$

と置いてみよう。これを元の式に代入すると、

$$\{1 + (1/100)a\} - (1/100)\{1 + (1/100)a\} = 1$$

となるので、両辺から1を引いて100倍すると、

$$a - \{1 + (1/100)a\} = 0$$

となる。1/100が掛かっている項は小さく、これがなければ直ちに$a = 1$と求められるので、aの正しい値は、1から1/100程度ずれているはずである。したがって、

$$a = 1 + (1/100)b$$

と置くことができる。このとき、元のxの値は、

$$x = 1 + (1/100)a = 1 + (1/100) + (1/100)^2 b$$

と与えられる。これを繰り返していけば、最終的に、

$$x = 1 + (1/100) + (1/100)^2 + (1/100)^3 + (1/100)^4 + \cdots = 1.01010101\cdots$$

という答えが得られる。ここで、1/100が1つだけ掛かっている項は、元の方程式に含まれる$-(1/100)x$という項による補正を1回だけ取り入れたという意味で1次の補正項、1/100が2つ掛かった項は2次の補正項、以下、3次、4次…の補正項となる。

ディラックは、こうした**古典的な摂動論の手法を、電子と光から成るシステムに応用した**のである。

電子と光が混在するシステムにおいて、解くべき方程式は、(i)「電子だけが存在する場合」の項、(ii)「光だけが存在する場合」の項、(iii)「電子と光の相互作用」の項——という3つの項から構成されている。ディラックは、「電子と光の相互作用」の項は小さな補正に相当すると考え、まず「電子だけが存在する場合」の方程式と「光だけが存在する場合」の方程式を解き、そこに、「電子と光の相互作用」による摂動を加えていくことにした。

摂動論を採用すると、計算は本質的に単純化される。電子と光が混在するときの扱いが難しくなるのは、光が電子の運動を変え、電子が光を放出・吸収するという相互作用があり、電子と光が入り乱れて状態変化するためだ。電子がなければ光はまっすぐ突き進むだけだし、光がなければ電子は単純な運動しかしない。これに小さな補正となる電子と光の相互作用を段階的に加えていくだけならば、手が出ないほど難しいというわけではない。

こうした計算手法が正当化されるためには、当然のことながら、「電子と光の相互作用」が小さな効果しかもたらさないことが条件となる。ディラックは、この条件について必ずしもきちんと検討していないが、幸いなことに、電子と光の相互作用には、決まって $2\pi e^2/hc$ という係数が掛かることが知られている（eは電気素量、hはプランク定数、cは光速）。微細構造定数と呼ばれるこの係数の値は、0.00729735…（＝1/137.036…）と小さい。電子と光の相互作用を摂動として扱ったとき、補正の次数が上がるにつれて、この係数が次々に掛かってくる。このため、補正の次数が高くなればなるほど、その寄与は小さなものとなる。これは、摂動論の手法が正当なことを意味している。[3]

摂動論に必要な計算のうち、(i)「電子だけが存在する場合」——ここには、原子内部で定常状態にある電子を含めてもかまわない——については、波動力学や行列力学によってすでに解かれている。次に**解決しなければならないのは、(ii)「光だけが存在する場合」**である。

光だけが存在するときには、弦の量子論を扱ったヨルダンにならって、光をさまざまな振動数を持つ「要素波」の集まりに分解する手法を使うことができる（ただし、一方向にだけ波が伝わる弦の場合と異なり、振動数の他に要素波の進行方向も定めておく必要がある）。ここで、便利な数学の定理が利用できる。波が伝わる領域に大きさなどの制限がなければ、どのような波であろうと、簡単な数学的操作によって要素波に分解できるという定理である。[4] 例えば、図8の一番上にある一見デタラメな波形も、その下に示されたような単純な要素波の重ね合せに分解できる。光しか存在しないときの電磁場の変化は、こうした1つ1つの要素波を独立した波として扱うことによって

図8 波の重ね合せ

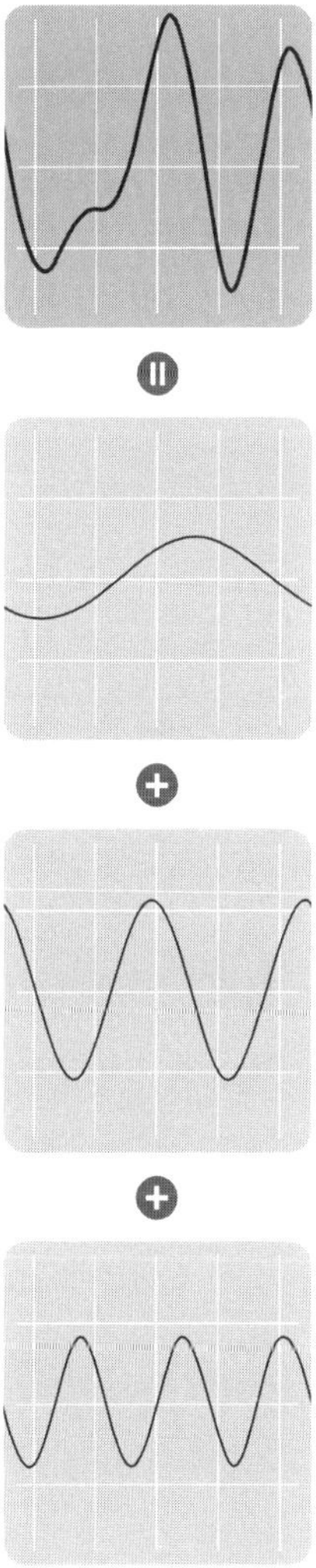

求められる。

要素波の1つとなる振動数νの波を考えよう。要素波の強度（電場か磁場の1つの成分）をxと書くことにすると、xが従う方程式は、空洞共振器の中の波が従う方程式②と同じものになる。したがって、この要素波を量子論で扱うと、空洞共振器の場合と同じく、エネルギーは$nh\nu$と表される。つまり、振動数νの要素波は、エネルギー$h\nu$の光量子がn個集まった集団と見なすことができるのだ。

ディラックの天才ぶりが発揮されるのは、ここからである。彼は、振動という現象を、これまでのように位置が時間とともに変化する動きとして捉えるのではなく、エネルギーと位相という2つの量で表すことを考えた。ただし、位相とは、振動する物体の相対的な位置を表す指標で、0度から360度までの角度で表される（図9参照）。バネに取り付けられたおもりならば、目で見て位置を特定することができるので、振動は位置が変化する過程以外の何物でもない。しかし、原子レベルの振動や光の波動になると、何が起きているかを直接観察することはできない。そこで、位置や運動量には目をつぶり、エネルギーと位相だけを使って振動を記述しようと試みたのである。

電磁波が従う式をエネルギーと位相を使って書き直してみると、位相は（iii）「電子と光の相互作用」の項にだけ含まれており、（ii）「光だけが存在する場合」には何の役割も果たしていないことがわかる。したがって、光だけのときは、それぞれの要素波がどれだけエネルギーを持っているかによって状態が完全に決定される。振動数νの要素波のエネルギーは、光量子の個数n

によって $nh\nu$ と与えられるので、結局、光の状態を決定するのは、それぞれ要素波が何個の光量子から構成されているかということだ。言い換えれば、**光だけの世界では、光の状態とは光量子の個数のことなのである。この性質に基づいて、ディラックは、「電子と光の相互作用」を、光量子の個数の変化という形で捉える斬新な議論を展開していく。**

図9　振動の位相

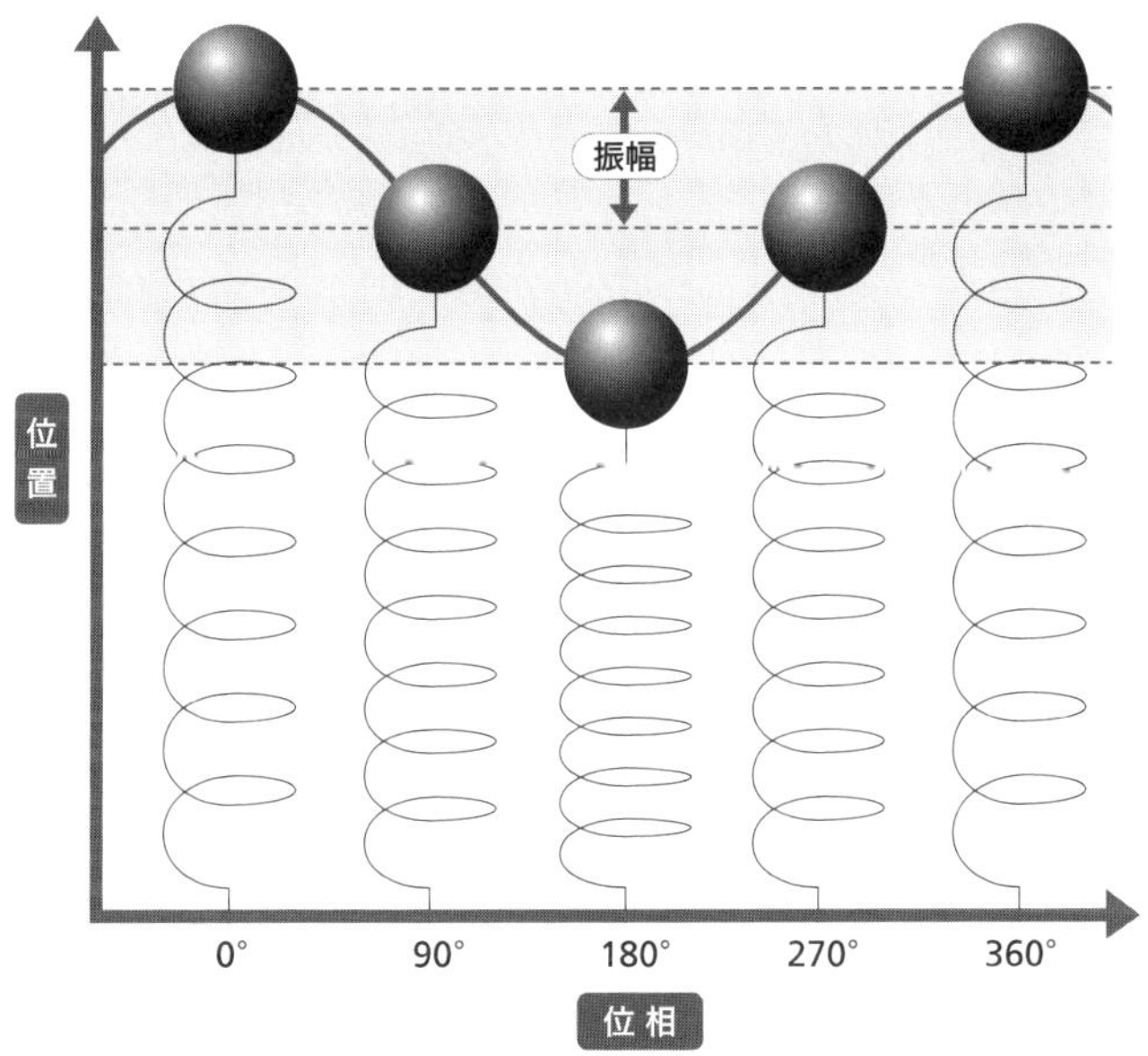

電子と光の相互作用

マクスウェル電磁気学によれば、「電子と光の相互作用」を表す項は、電子の運動によって生じる電流と電磁場の積の形をしている。ディラックは、この項を「光だけが存在する場合」に導入した光量子の個数を使って書き直してみた。すると、「電子と光の相互作用」の項は、電子の作用によって光量子が1個生成される項と、逆に光量子が1個消滅する項の和で表されたのである。

摂動論による1次の補正は、「電子と光の相互作用」の項を1回だけ計算に取り入れることである。「光だけが存在する場合」には、それぞれの要素波の光量子数はある値に定まっているが、1次の補正を取り入れることによって光量子が1個生成ないし消滅し、その結果として、光量子数が1個分増減した状態へと遷移する。この過程は、電子が光量子を1個放出する、あるいは、光量子を1個吸収する過程だと解釈される。

摂動論による2次の補正は、光量子の増減の回数を2回まで取り込むことに相当する。具体的な過程としては、ある電子が2個の光量子を続けざまに放出する場合もあるし、ある電子が1個の光量子を放出して別の電子がこれを吸収するという場合もある。3次以上の補正は、光量子の増減の回数が3回以上になる。マクスウェル電磁気学では電磁場の状態は連続的に変化するが、摂動論的な量子論では、このように光量子が1個ずつ放出・吸収される過程を考えることになる。

ディラックの理論は、量子条件を式で表していないなどの点でまだ不完全なものであったが、それでも、アインシュタインが示した光量子の多くの性質を見事に再現することができた。

摂動によって振動数νの光量子が1個増えるときには、エネルギーの保存則によって電子のエネルギーが$h\nu$だけ減少する。光量子が1個減るときは、その逆である。ここから、電子のエネルギーがΔEだけ変化すると$\nu = \Delta E/h$の光が放出・吸収されるというボーアの理論が導ける。この時点では、まだ、光量子がかかわる反応がどのような確率で起きるか詳しく計算することはできなかったが、ディラックは「数学的な困難を克服することができれば」答えが得られるはずだと予測した。ただし、この予測が実現するまでには、さらに20年以上もの歳月が必要だったが。

ディラックの論文は、量子論の新しい地平を切り拓くものだったが、同時に、多くの物理学者にとって悩みの種となった。あまりに難しいのである。彼の論文には天才にありがちなロジックの飛躍が目立ち、論旨がつかみにくい。例えば、電子と光の相互作用を量子論で扱うために、それまでc数で記述されていた量をq数で書き換えるところでは、いきなり「(この量を)次の量子条件を満たすq数だと仮定しよう」と述べるだけで、なぜq数を使わなければならないのか、説明らしい説明をしていない。当時、京都帝国大学の学生として最先端物理学を懸命に勉強していた湯川秀樹(1907〜81)と朝永振一郎(1906〜79)も、この難解さに悩まされていた。湯川は「ディラックの論文を読むと腹が立つ」と言い、朝永は「ディラックの論文を読むと悲しくなる」と言った(朝永振一郎『量子力学と私』)。その気持ちは、実に良くわかる。

素粒子論の始まり

ディラックが導入した摂動論の手法は、「素粒子論」と呼ばれる学問分野の始まりとなった。

例として、2つの電子が衝突して跳ね返される過程を考えてみよう。マクスウェル電磁気学によれば、この過程は、(1)一方の電子が周囲の電磁場を揺り動かして状態を変化させる、(2)その変化が波として伝わっていく、(3)他方の電子が存在する場所に電磁場の波が到達してその電子に作用を及ぼす——という3つの段階から成る。これに対して、摂動論的な量子論では、電磁場の状態が光量子の個数で表されるので、全ての段階が光量子の個数の変化として記述される。摂動論の最低次の補正だけ考えた場合、上の過程は、（1）一方の電子が1個の光量子を放出する、（2）光量子数が増えた状態が維持される、（3）他方の電子が1個の光量子を吸収する――という形で表される。補正の次数を上げると、放出・吸収される光量子の数が増えてくる。このように、光量子の個数の変化によって電磁波の状態変化が表されることを、ディラックは、「波動と光量子の記述の間には完璧な調和がある」と表現した。

光量子を使って記述された電子の衝突過程は、まるで電子との相互作用によって光の粒子が生み出され、空間を飛来した後に、別の電子と出会って消滅するかのようにイメージできる。そのため、電磁場の振動状態を表す光量子は、しだいに粒子そのものとして取り扱われるようになり、呼び名も光量子（light quanta）から光子（photon）に改められた。電磁気的な相互作用は、光子をやりとりすることによって伝わるという考え方である。

実は、光子という名の粒子は、もともとは、光は新たに作ることも分割することもできない原子だと主張するマイナーな理論の中で提唱されたものである。現実と一致しない元の理論は忘れ去られ、皮肉にも、生成・消滅を繰り返す流転の粒子として、名前だけが残されることになった。

光子はあたかも粒子であるかのように扱われるが、実際には、要素波が持つエネルギー $nh\nu$ をエネルギー量子 $h\nu$ の n 個の集まりと見なし、そのうちの1つの $h\nu$ を光子と呼んでいるにすぎない。ド・ブロイが物質波の理論を構想していたとき、電子と振動数 ν の関係に悩み、「波が付随している」といった曖昧な表現で言い逃れようとした（第3章）。しかし、光子の場合、こうした悩みは無用になる。光子は電磁場が振動数νで振動するときのエネルギーを表しており、その成り立ちからして振動数と切り離すことができない。とは言え、粒子自体が振動している訳ではない。粒子のイメージを流用して、「とびとびのエネルギーを持つ振動状態」を表現しているのだ。

光子は、従来の意味での粒子ではない。例えば、どの地点に存在するかを特定することができない。1つの要素波で表されるような長く連なった電磁波がある場合、その全体的な振動状態を光子数を使って表しているので、強いて言えば、光子はこの電磁波全体に拡がって存在するということになる。したがって、1個の光子が何メートルもの拡がりを持っていることも、あり得ないわけではない。

ディラックが「光の放出と吸収の量子論」を発表したのと同じ1927年に、ハイゼンベルクが不確定性原理を提唱した。この原理によると粒子の位置と運動量を同時に確定することは不可能だとされるが、もともとのハイゼンベルクの論文では、その理由の説明が曖昧であり、まるで人間の測定操作によって対象が乱されることが不確定性の起源であるかのような書き方がされていた。しかし、この考えは誤りである。少なくとも光子に関しては、ディラックの理論によって位置が決まらないわけが理解できるだろう。**光子とは、もともと電磁場の振動が持つとびとびのエネルギーを粒子であるかのように表現したものにすぎず、そもそも位置を特定できる粒子ではない**のである。

ここで、科学史的に興味深い事実がある。第4章で述べたように、不確定性原理に関するハイゼンベルクの解釈に曖昧さが残ることを指摘したのはボーアだった。この指摘は、ボーアにしては出来過ぎと思えるほど的確なものだったが、実は、ハイゼンベルクの論文を読む少し前に、彼はディラックから電子と光の相互作用に関する研究内容を知らされていたのである。ディラックは論文をコペンハーゲンで完成させたが、その際、ボーアと「きわめて友好的な議論」を行ったことが謝辞に記されている。この議論を通じて、光量子（光子）は振動のエネルギーを表しており位置を特定できる粒子ではないと知ったボーアが、粒子・波動の二重性を使って不確定性原理を解釈し直すようにとハイゼンベルクに忠告するに至ったのは、自然な流れだと言えよう。

ディラックが電子と光に関して行った議論は、1930年代に入ってから他の相互作用にも拡張され、素粒子が力を媒介するという考え方が定着する。ただし、ここで言うところの素粒子は、光子と同じように場の振動状態を表すものであって、ビリヤード球のような粒子とは異質であることを忘れてはならない。**量子場の理論が一般読者にとってわかりにくい理由の一つは、素粒子といった言葉を聞くと、何か「小さな物」としてイメージしてしまうからだろう。**しかし、これらは、空間の中にポツンと存在するような「**実体**」**ではなく、むしろ**「**状態**」**や**「**作用**」**を数学的に表現したもの**なのである。

光の場

1927年の論文で、ディラックは、電磁場の具体的な形を特定しないまま、光量子の個数について議論を進めている。しかし、これ以降の論文では、電磁場の式をはっきりと書くようになる。ここで使われるのが、電磁ポテンシャルである。

電磁場は、電場$\boldsymbol{E}$と磁場$\boldsymbol{B}$を使って表すのが一般的だった。しかし、この2つの場は、相互に誘起しあうという複雑なもので、量子論で議論を進めるにはいささか厄介である。そこで、式の形がより単純になる電磁ポテンシャルが利用されることになった。

電磁ポテンシャル$A(t,x)$とは、そこから電場と磁場を2つとも導くことができる場の量である。[5] 電場と磁場が、電荷や電流に加わる力を通じて直接観測されるのに対して、電磁ポテンシャルそのものは測定できない量なので、はたして実在する量と考えて良いのか、はたまた、人間が計算を容易にするためにこしらえた虚構にすぎないのか、必ずしもはっきりしない。しかし、現在では、電磁ポテンシャルの方が電場や磁場よりも基本的な量だと考える物理学者が多い。

電磁ポテンシャル$A(t,x)$は、電場や磁場と同じように振動が波として伝わっていく量である。ディラックの論文を元にしてヨルダンやパウリが行った定式化では、$A(t,x)$に量子条件を適用し、そこから振動のエネルギーが$nh\nu$になることを導いている。したがって、電磁ポテンシャルこそが光の担い手であり、これを**光の場**と呼ぶのが妥当だろう。

光の場を伝わる振動状態を粒子のようにイメージするディラックの理論は、いくつもの波を重ね合わせた波束が粒子的に振舞うと考えたシュレディンガーのアイデアを思い起こさせる。ただし、第3章で述べたように、シュレディンガーのアイデアは誤っており、波束を1箇所に凝集させても、しだいに崩壊して粒子的な状態を保つことはできない。それでは、ディラックの理論では、光の場の振動状態を表す光子がなぜ粒子的なままでいられるのだろうか。

その理由は、振動する光の場 $A(t,x)$ が、空間のあらゆる場所で「閉じ込められた波」のように振舞うからである。

光の場 $A(t,x)$ の振動を量子論で取り扱うには、$A(t,x)$ を量子論的な数（q数）と見なす必要がある。弦の場合と同様にバネのイメージを使うと、$A(t,x)$ は、互いに連結されたバネが3次元空間の中にぎっしりと詰まっている状態として表されるが、こうしたバネの1つ1つが量子論的な振動子であり、バスタブの中の水のように振動のパターンが制限されている。この結果、連結されたバネの中を振動がどのように伝わっていこうとも、**振動のエネルギーは $h\nu$ の整数倍しか許されない。$h\nu$ というエネルギー量子はそれ以下に細分されることはなく、$h\nu$ のまとまりであり続ける[6]。これが、シュレディンガーの波束と異なって、光の場の振動状態である光子がいつまでも「$h\nu$ が n 個ある」という粒子的な状態を維持できる理由である。**

ディラックは、光子（光量子）数の増減という形で、電磁気現象を統一的に理解する方法を開発した。光の状態が光子の個数で表されるということは、**19世紀物理学に見られた場と原子の二元論が、原子論の側で一本化される可能性を示唆する**ものである。19世紀的な場の理論は、電磁場の理論に尽きると言って良い。電磁場における波動が光量子の個数という原子論的な形式で記述できるということは、場の概念を捨て去り、原子論によって自然界を統一的に解明する方法が示されたのではないか？　もしかしたら、ディラックの胸中には、自分が新しい原子論を築いているという熱い思いがあったのかもしれない。

ディラックがきわめて原子論寄りの発想をしていたことは、彼独自の光子の捉え方に現れている。実は、ここまで述べてきた説明は、ディラック自身の解釈というよりも、彼の後を受けて電子と光の理論を研究した物理学者たち、特にパウリの解釈に基づいている。ディラック自身は、光子は生成・消滅することなく、電子との間でエネルギーを交換しながら状態を変えていくものと考えていたようだ（「ようだ」と書いたのは、論文の中で明確に説明していないので、行間を読まなければならないからだが）。彼のイメージによると、真空は、振動数がゼロでエネルギーを持たない無数の光子に満ちあふれている。「電子と光の相互作用」によって$h\nu$というエネルギー量子が作られる過程は、真空中に潜んでいた光子が電子からエネルギー$h\nu$を与えられ、振動数νで伝わる光として姿を現すことだと解釈される。光量子が消滅する過程も、光子が電子に吸収されるのではなく、$h\nu$というエネルギー量子を奪われて、再びエネルギーのない状態に落ち込んでしまうことになる。光の場$A(t, x)$は実際に振動する何かではなく、電子の状態を表すΨと同じように、光子の状態を表す波動関数と見なされた。

ディラックの思い描く世界は、電子と光子という粒子的な実体が無数に存在しており、これがさまざまなエネルギー状態を取ることで、多彩な現象が実現されるというものだ。ここには、原子論的な発想に貫かれた確固たる世界像が見て取れる。

しかし、こうした発想は、実は勇み足だった。自ら考案した新しい原子論に固執し、「電子の海」という壮大な理論の構築を試みたディラックは、間もなく、思いも寄らぬ屈辱を味わうことになる。

第6章　電子の海——ディラックとパウリ

ディラックは、「光はエネルギー $h\nu$ の塊のように振舞う」という素朴な主張でしかなかった光量子論を、光の場の理論として解釈する道筋をつけた。しかし、この理論はまだ、電子と光の相互作用を完全に定式化したのではなく、光の放出・吸収に関する部分だけを抜き出して書き表したものにすぎない。理論を完成させるには、**電子と光が従う方程式の全貌を明らかにすることが必要**である。ディラックは、引き続きこの作業に着手するが、間もなく、電子の振舞いを記述するそれまでの量子力学に含まれる重大な欠陥に突き当たる。

電子の振舞いは、シュレディンガー方程式によって決定される。そこでディラックは、光の場 $A(t,x)$ が存在するときのシュレディンガー方程式を求めるためにあれこれと式をいじっていたが、電子の波動関数 $\Psi(x)$ と光の場 $A(t,x)$ を並べようとすると、どうにも式のバランスが悪くなってしまうのである。

第3章で述べたように、物理学には、「時間的な量」と「空間的な量」が現れることがある。エネルギーや振動数は時間的な量であり、運動量や波数（波長の逆数）は空間的な量である。基礎的な物理理論は必ず相対論に従うと信じられているが、**相対論では、時間と空間が密接に結びついており、その結果として、時間的な量と空間的な量も必ずペアになることが要請される。**ここれと並んで運動量の2乗の項も現れるということである。(1) こでペアになると言ったのは、例えば、方程式の中にエネルギーの2乗の項が現れるならば、そ

「光だけが存在する場合」を考えたとき、光の場 $A(t,x)$ に関する方程式では、確かに時間的な量と空間的な量がペアになっている。これは、光の理論を作る際に参考にしたマクスウェル電磁気学が、相対論の要請を満たしていたためである。しかし、「電子だけが存在する場合」のシュレディンガー方程式は、そうなっていない。シュレディンガーの波動力学（および、それと同等の行列力学）は、非相対論的な理論なのである。相対論の効果は、物体の運動速度が光速に近くなったときにだけ現れるものなので、相対論の要請を満たしていないことは、実用上はさして問題にならない。だが、電子と光についての根源的な理論を作ろうとしているとき、相対論の要請を無視するのはまずい。

こうして、ディラックの当面の目標が定まった。**相対論の要請を満たすように、電子の波動方程式を書き直すこと**である。

エネルギーと運動量の関係

水素原子のシュレディンガー方程式は、第3章の式⑤で与えられている。ここで、電子が原子内部に束縛されるのは、この式に位置エネルギーの項（$-e^2/r$）が存在するためである。したがって、この項を落とした方程式

$$E\Psi=\{(h\nabla/2\pi i)^2/2m\}\Psi \cdots\cdots ①$$

は、空間を自由に飛び回る電子（いわゆる自由電子）の方程式になる（項の順番を入れ替え、$-(h/2\pi)^2\nabla^2=(h\nabla/2\pi i)^2$と置いた）。一方、ニュートン力学では、自由電子のエネルギーは、運動量$\boldsymbol{p}=m\boldsymbol{v}$を使うと、$E=m\boldsymbol{v}^2/2=\boldsymbol{p}^2/2m$と表される（3次元のベクトルを太字で表す）。このエネルギーの式に右からΨを乗じると、

$$E\Psi=(\boldsymbol{p}^2/2m)\Psi \quad \cdots\cdots ②$$

となる。2つの式①と②を見比べれば、シュレディンガー方程式は、ニュートン力学のエネルギーの式で、

$$\boldsymbol{p}\to h\nabla/2\pi i$$

という置き換えを行ったものだということがわかるだろう。一般に、シュレディンガー方程式は、（1）エネルギーEを運動量$\boldsymbol{p}$を使って表す、（2）右からΨを乗じて「$E\Psi=\cdots\Psi$」という式を作る、（3）その上で、Eを表すのに使っていた$\boldsymbol{p}$を$h\nabla/2\pi i$で置き換える——という手順によって得られる[2]。

自由電子のエネルギーを$E=\boldsymbol{p}^2/2m$と表すことは、ニュートン力学では全面的に正しい。だが、ニュートン力学を越える相対論の世界になると、この式はもはや正確なものではなくなる。なぜなら、この式では、エネルギーが1乗、運動量が2乗になっており、時間的な量であるエネルギーと空間的な量である運動量がペアで現れるという相対論の要請にそわないからだ。当然のことながら、この関係式を満たしているシュレディンガー方程式も、相対論的ではない。

実は、相対論によると、電子が速度$\boldsymbol{v}$で運動しているときの運動量$\boldsymbol{p}$は、ニュートン力学で使

われる$\boldsymbol{p}=m\boldsymbol{v}$ではない。正しい式はもっと複雑になる。ここでは、表記を簡単にするために、空間が1次元の場合に限ることにしよう。このとき、運動量は、3つの成分を持つベクトル$\boldsymbol{p}$ではなく、1つの成分pで表される。

1次元の場合、相対論的な運動量の正しい式は、次のように表される。

$$p = mv\{1+(1/2)(v/c)^2+(3/8)(v/c)^4+\cdots\}$$

ただし、cは光速（秒速30万km）である。身の回りでは、光速に近いスピードで運動する物体は存在しないので、右辺第2項以降は無視してもかまわないことになり、ニュートン力学の式$p=mv$がそのまま使える。だが、電子のようなミクロの物体の速度はきわめて速い。例えば、真空管内部の電子は、秒速数千〜数万kmまで加速されている。このため、電子の運動を正確に議論しようという場合には、第2項以降もきちんと考慮しなければならない。

さらに、相対論ではエネルギーの式も運動量と同じように修正されて、

$$E=mc^2\{1+(1/2)(v/c)^2+(3/8)(v/c)^4+\cdots\}$$

となる。右辺第1項は、mc^2という質量のエネルギーを表しているが、核反応でも起きない限り物質の質量は変化しない。このためニュートン力学では、常に一定の値である第1項と、きわめて小さいためにほとんど影響を及ぼさない第3項以降を無視して、第2項の$mc^2\times(1/2)(v/c)^2=mv^2/2$だけを運動エネルギーとしている。しかし、電子についての正確な理論を作る場合には、全ての項を考慮する必要がある。

詳しい話は省略するが、相対論による修正を取り入れると、エネルギーEと運動量pは、次の

式を満たすことが知られている。

$$E^2 = (cp)^2 + (mc^2)^2 \cdots\cdots ③$$

この関係式では、エネルギーと運動量はともに2乗になっており、相対論の要請にかなったペアになっている（pの係数として現れる光速cは、「メートル」で表される空間の単位と「秒」で表される時間の単位を換算するために付けられたもので、深い意味はない）。

電子の相対論的な波動方程式を求めるためには、エネルギーと運動量の関係式として、式③を使わなければならない。これを用いると、エネルギーEは$(cp)^2+(mc^2)^2$の平方根という厄介な形でしか表せないはずだ。しかし、波動方程式を求める一般的な手順——先に述べた（1）〜（3）——は、エネルギーEの2乗ではなく1乗の式を用いるものである。さて、どうすれば良いのだろうか？

1928年の論文「電子の量子論」でディラックは、驚くべき主張を行った。「エネルギーの式③は成り立っているが、それでも、エネルギーEは運動量pの1次式で表される」というのだ。これが本当ならば、Eとpはどちらも1乗なので、相対論の要請を満たすペアになっている。しかし、常識的に考えれば、式③を解いてEを求めると、pの2次式の平方根になり、1次式で表されるはずがない。ディラックの主張は常識はずれである。

常識はずれの主張をする科学者はたまにいるが、その内容が正当なことは滅多にない。その滅多にないことを可能にするのが才能というものなのだろう。

ともかくも、天才ディラックは、Eがpの1次式になるという大前提の下に、係数αとβを使って次の式を書き下ろした（光速cは単位を合わせるために付けたが、目障りならば$c=1$と見なしてもかまわない）。

$$E=cp\alpha+mc^2\beta \cdots\cdots ④$$

このとき、式③は成り立っているだろうか？　そんなはずはない――ように見える。式④を2乗すると、次のように変形される。

$$E^2=(cp\alpha+mc^2\beta)\times(cp\alpha+mc^2\beta)$$
$$=(cp)^2\alpha^2+cpmc^2(\alpha\beta+\beta\alpha)+(mc^2)^2\beta^2$$

これが、式③と同じものであるためには、

$$\alpha^2=1 \quad \alpha\beta+\beta\alpha=0 \quad \beta^2=1 \cdots\cdots ⑤$$

という3つの関係式が成り立たなければならない。

常識的には、この3つの式が同時に成り立つことはあり得ない。ふつうの数ならば、順番を入れ替えてもかけ算の結果は変わらないので、$\alpha\beta=\beta\alpha$となる。したがって、$\alpha\beta+\beta\alpha=0$から$\alpha\beta=0$が導かれ、$\alpha$か$\beta$のどちらか一方が0になってしまう。これでは、$\alpha^2=1$と$\beta^2=1$という2つの式が共に成り立つことはできない。

しかし、ここで思い出していただきたい。これまで述べてきたように、行列やq数では、積の順番を入れ替えると結果が変わるのである。式⑤が成り立たないと即断はできない。しかも、ディラックは、もう何年も行列やq数の計算に馴染んでいた。式④を書いたとき、彼にはもう答えが見えていたのだろう。

ディラック方程式

ディラックは、波動方程式を行列に拡張することによって、不可能だと思われたことをやってのけた。ふつうの数ならば、式⑤が満たされることはない。しかし、αとβがふつうの数ではなく、図10で表されるような2行2列の行列だとしてみよう。このとき、αとβは、図11に記した関係式を満たす。αとβが2行2列の行列になったので、波動関数Ψも、2つの成分$\Psi^{(+)}$と$\Psi^{(-)}$を持つと考えなければならない。図12からわかるように、2行2列の行列を2成分のΨに作用させたときのかけ算の結果としてならば、式⑤はきちんと成り立っているのである。

電子の波動方程式は、式④の右からΨを乗じて作ることができる。具体的に書くと、図13の形になる。これが、いわゆる「ディラック方程式」（の1次元版）である。

ディラックは、この方程式を天才的なひらめきによって見いだしたが、実は、そのときに踏み台にした理論があった。前年にパウリが発表したスピンの理論である。

スピンの理論

スピンの理論について、簡単に紹介しよう。

原子から放出される光の線スペクトルについては、ボーアの原子模型が提出されて以降、理論的な解明が進んでいたが、1920年代に入っても解決できない謎の1つに、異常ゼーマン効果があった。原子に磁場を加えると、それまで1本だった線スペクトルが〝分裂〟して複数になる

図10 αとβの行列表現

$$\alpha = \begin{pmatrix} 0 & 1 \\ 1 & 0 \end{pmatrix} \quad \beta = \begin{pmatrix} 1 & 0 \\ 0 & -1 \end{pmatrix}$$

図11 α^2, β^2, $\alpha\beta+\beta\alpha$の表現

$$\alpha^2 = \begin{pmatrix} 0 & 1 \\ 1 & 0 \end{pmatrix} \times \begin{pmatrix} 0 & 1 \\ 1 & 0 \end{pmatrix} = \begin{pmatrix} 0\times0+1\times1 & 0\times1+1\times0 \\ 1\times0+0\times1 & 1\times1+0\times0 \end{pmatrix} = \begin{pmatrix} 1 & 0 \\ 0 & 1 \end{pmatrix}$$

$$\beta^2 = \begin{pmatrix} 1 & 0 \\ 0 & 1 \end{pmatrix} \times \begin{pmatrix} 1 & 0 \\ 0 & -1 \end{pmatrix} = \begin{pmatrix} 1\times1+0\times0 & 1\times0+0\times(-1) \\ 0\times1+(-1)\times0 & 0\times0+(-1)\times(-1) \end{pmatrix} = \begin{pmatrix} 1 & 0 \\ 0 & 1 \end{pmatrix}$$

$$\alpha\beta = \begin{pmatrix} 0 & 1 \\ 1 & 0 \end{pmatrix} \times \begin{pmatrix} 1 & 0 \\ 0 & -1 \end{pmatrix} = \begin{pmatrix} 0\times1+1\times0 & 0\times0+1\times(-1) \\ 1\times1+0\times0 & 1\times0+0\times(-1) \end{pmatrix} = \begin{pmatrix} 0 & -1 \\ 1 & 0 \end{pmatrix}$$

$$\beta\alpha = \begin{pmatrix} 1 & 0 \\ 0 & -1 \end{pmatrix} \times \begin{pmatrix} 0 & 1 \\ 1 & 0 \end{pmatrix} = \begin{pmatrix} 1\times0+0\times1 & 1\times1+0\times0 \\ 0\times0+(-1)\times1 & 0\times1+(-1)\times0 \end{pmatrix} = \begin{pmatrix} 0 & 1 \\ -1 & 0 \end{pmatrix}$$

$$\alpha\beta + \beta\alpha = \begin{pmatrix} 0 & -1 \\ 1 & 0 \end{pmatrix} + \begin{pmatrix} 0 & 1 \\ -1 & 0 \end{pmatrix} = \begin{pmatrix} 0 & 0 \\ 0 & 0 \end{pmatrix}$$

図12 α^2, β^2, $\alpha\beta+\beta\alpha$のΨへの作用

$$\alpha^2 \begin{pmatrix} \Psi^{(+)} \\ \Psi^{(-)} \end{pmatrix} = \begin{pmatrix} 1 & 0 \\ 0 & 1 \end{pmatrix} \begin{pmatrix} \Psi^{(+)} \\ \Psi^{(-)} \end{pmatrix} = \begin{pmatrix} \Psi^{(+)} \\ \Psi^{(-)} \end{pmatrix}$$

$$\beta^2 \begin{pmatrix} \Psi^{(+)} \\ \Psi^{(-)} \end{pmatrix} = \begin{pmatrix} 1 & 0 \\ 0 & 1 \end{pmatrix} \begin{pmatrix} \Psi^{(+)} \\ \Psi^{(-)} \end{pmatrix} = \begin{pmatrix} \Psi^{(+)} \\ \Psi^{(-)} \end{pmatrix}$$

$$(\alpha\beta + \beta\alpha) \begin{pmatrix} \Psi^{(+)} \\ \Psi^{(-)} \end{pmatrix} = \begin{pmatrix} 0 & 0 \\ 0 & 0 \end{pmatrix} \begin{pmatrix} \Psi^{(+)} \\ \Psi^{(-)} \end{pmatrix} = \begin{pmatrix} 0 \\ 0 \end{pmatrix}$$

図13 ディラック方程式

$$\boldsymbol{E} \begin{pmatrix} \Psi^{(+)} \\ \Psi^{(-)} \end{pmatrix} = \boldsymbol{cp} \begin{pmatrix} 0 & 1 \\ 1 & 0 \end{pmatrix} \begin{pmatrix} \Psi^{(+)} \\ \Psi^{(-)} \end{pmatrix} + \boldsymbol{mc^2} \begin{pmatrix} 1 & 0 \\ 0 & -1 \end{pmatrix} \begin{pmatrix} \Psi^{(+)} \\ \Psi^{(-)} \end{pmatrix}$$

$$= \begin{pmatrix} mc^2\,\Psi^{(+)} + cp\,\Psi^{(-)} \\ cp\,\Psi^{(+)} - mc^2\,\Psi^{(-)} \end{pmatrix}$$

現象は、1896年に発見され、ゼーマン効果と名付けられていた。このうち、正常ゼーマン効果と呼ばれるものは、磁場によって電子の運動状態が変化すると考えれば説明できたが、正常ゼーマン効果より分裂の仕方が小さい異常ゼーマン効果に関しては、それまでの理論では説明が付けられなかった。

1925年、サミュエル・ハウトスミット（1902～78）とジョージ・ウーレンベック（1900～88）は、電子自体が小さな磁石であると仮定すれば、異常ゼーマン効果を説明できるとする論文を発表した。この小さな磁石はスピンと呼ばれる。磁場の中に置かれた磁石は、向き（S極からN極への向き）に応じたエネルギーを持つことが知られている。例えば、コンパスの針が自然に北を向くのは、磁石が地磁気と同じ向きになった方がエネルギーが低く安定するからである。原子の場合でも、外から加えられた磁場に対して電子のスピンがどちらを向いているかによって、エネルギーに差が生じる。このエネルギーの違いが、線スペクトルの分裂をもたらすというのである。

それでは、電子がスピンを持つことを数式で表すにはどうしたら良いだろうか？　シュレディンガーの波動関数Ψは、電子がどこに存在するかという情報しか含んでいない。スピンの状態を表すためには、何か別の方法を使わなければならない。

この問題を解決したのが、パウリである。1927年に発表された論文で、彼は、波動関数Ψを、スピンがどちら向きかを表す2つの成分Ψ_aとΨ_bに分けて書くことを提案した。Ψ_aはスピンの向きが外部磁場と同じ向き、Ψ_bは反対向きの状態を表すとしよう。外部磁場の強さをB、スピンの磁力の大きさをμ《ミュー》と書くことにすると、磁場とスピンの相互作用に起因するエネルギーは、スピンが外部磁場と同じ向きになるΨ_aのときに最も低く$-\mu B$に、反対向きになるΨ_bのときに最も高く$+\mu B$になる。したがって、Ψ_aとΨ_bが満たす波動方程式の中で磁場とスピンの相互作用の部分だけ抜き出すと、右からΨを乗じるというシュレディンガー方程式作成の手順（２）に従って、

$$E\Psi_a = -\mu B\Psi_a$$
$$E\Psi_b = +\mu B\Psi_b$$

と表される。パウリは、行列の表現を使えば、これが1つの式にまとめられることを示した。それが、図14の式である。このように、行列を使って磁場とスピンの相互作用を表すのが、パウリによるスピンの理論である。まさに、波動力学と行列力学のテクニックを見事に融合した名人芸と言えよう[3]。

ディラックは、行列を使って波動方程式を表す手法をパウリから学び、これを応用することで、**相対論的な電子の波動方程式**を導いたのである[4]。ディラック方程式に現れる$\Psi^{(+)}$と$\Psi^{(-)}$のそれぞれに対して、スピンの状態を表すΨ_aとΨ_bという2つの成分があるので、結局、電子は4つの成分を持つ。完全なディラック方程式は、この4つの成分についての行列方程式となる。

図14　スピン相互作用の項

$$E\begin{pmatrix}\Psi_a\\ \Psi_b\end{pmatrix} = -\mu B\begin{pmatrix}1 & 0\\ 0 & -1\end{pmatrix}\begin{pmatrix}\Psi_a\\ \Psi_b\end{pmatrix}$$

電子の海

図13のディラック方程式に戻ろう。この式に示されているように、ディラック方程式の波動関数には、$\Psi^{(+)}$と$\Psi^{(-)}$という2つの成分がある。それでは、この2つの成分は何を表しているのだろうか？　電子が静止している、すなわち運動量$p=0$になるケースを考えよう。このとき、ディラック方程式は、次の2つの式に分解される。

$$E\Psi^{(+)}=mc^2\Psi^{(+)}$$

$$E\Psi^{(-)}=-mc^2\Psi^{(-)}$$

最初の式は、静止した電子が質量エネルギーmc^2を持つことを表している。しかし、2番目の式は、そのまま解釈すると、負の質量エネルギー$-mc^2$を持つ電子が存在するかのように見える。

1928年の時点でディラックは、「負のエネルギーを持つ状態に対応する粒子が現実に存在するはずがない」という常識的な立場を採っていた。そして、自分の理論は、あくまで来るべき真の理論が完成されるまでの暫定的なものにすぎないという謙虚な態度を表明した。しかし、翌1929年になって、ディラックは新しい解釈を思いつく。それが、**電子の海**という――彼に栄光と屈辱を味わわせることになる――アイデアである。

「電子と陽子の理論」と題された短い論文で、ディラックは、もし負のエネルギーを持つ電子が存在するならば、実に奇妙な振舞いをすることを指摘した。通常の物体ならば、エネルギーを放出すると運動エネルギーが減って速度が遅くなる。しかし、負エネルギー電子は、逆に、エネルギーを放出すればするほど速く運動するようになる。自然界では、運動する物体はしだいにエネルギーを失い、低エネルギーの状態へと遷移していく。とすると、電子は、たとえ初めに正のエネルギーを持っていたとしても、光子を放出してエネルギーを失い、いつしか負のエネルギーを持つようになるはずである。ひとたび負のエネルギー状態になると、今度は、光子を放出しながらどんどんと加速され、世界は、猛スピードで運動する負のエネルギーの電子ばかりになってしまう。

この難点に対して、ディラックは、驚くべき解決法を案出した。彼は、世界はすでに負のエネルギーの電子で満たされていると考えたのである。宇宙のどの場所にも同じように負エネルギーの電子が充満しているため、その存在は感じられない。存在が明らかになるのは、負エネルギーの電子が存在せず、空間の均一性が破れている場所である。ちょうど、負エネルギーを持つ電子の海の中に生じた泡のようなその場所を、ディラックは**空孔**（hole）と呼んだ。空孔にエネルギーを投入すると、周囲の負エネルギーの電子がそれを吸収して減速される。ところが、その結果として速く動いていた電子がなくなるので、その欠落を埋めるように空孔の速度が増すことになる。つまり、負エネルギーの電子の海に生じた空孔は、正のエネルギーを持つ通常の粒子であるかのように振舞うのである。負エネルギーを持つ物質が充満するという常識外の世界では、**物質の「不在」が「存在」の役割を果たす**のである。

「電子と陽子の理論」という論文のタイトルからもわかるように、当初ディラックは、空孔が偽装する粒子を陽子（proton）だと解釈した。その当時、原子核は、何個かの陽子と電子が合体してできていると考えられていた（実際には、原子核は陽子と中性子〔neutron〕が結合したものである）。ディラックは、物質を構成するとされていた陽子・電子の2種類のうち、電子だけが真の粒子で、陽子は電子の海における泡のようなものだと見なしたのである。

残念ながら、電子の海に開いた空孔が陽子だとする解釈は、すぐに問題点が指摘された。陽子が電子の海に開いた穴だとすると、物質内部にある電子は陽子と合体し、両者ともども消滅することになる。2年前にボルンの下で博士号を取得し、後にアメリカ最高の理論物理学者と呼ばれるロバート・オッペンハイマー（1904〜67）が計算したところによれば、陽子が空孔ならば全ての物質は10億分の1秒程度で崩壊してしまうというのだ。さらに、ディラック方程式の形から、空孔は電子と同じ質量の粒子のように振舞うはずであり、陽子のように電子の2000倍近い質量を持つはずがないことが、数学者のワイルによって示された。

このような指摘がされたので、ディラックは1931年になって解釈を改め、空孔によって表されるのは、電子と同じ質量を持つ未発見の粒子だと考えるようになる。彼は、この粒子を「反電子（anti-electron）」と呼んだ。強い光を電子の海に照射すると、負エネルギーの電子がエネルギーを得て正エネルギーの状態に遷移し、後には電子の海に開いた空孔が残される。これは、外から見える現象としては、何もない真空から電子と反電子がペアで作り出されることに相当する。負エネルギーの存在如何といういささか禅問答めいた議論を追求しているうちに、それまで想像だにされなかった新しい物理現象が予言されたのである。

ディラック自身は、実際に反電子が見つかるとは期待していなかったようだ。ところが、19

32年にカール・アンダーソン（1905〜91）が宇宙線（宇宙から飛来する高エネルギー粒子のビーム）を霧箱で観測している際に、電子と同じ質量で正電荷を持つ粒子を発見し、ディラックの予言が実証された形になった。この粒子は、ディラックの理論を知らなかったアンダーソンによって「陽電子（positron）」と命名された。この発見が決定打となって、ディラックは1933年にノーベル物理学賞を受賞する（アンダーソンも1936年に同じ賞を獲得した）。

パウリの排他律

ディラックは、「電子の海に開いた空孔」というアイデアを理論化する際に、「排他律」と呼ばれるパウリの理論を利用している。

原子のエネルギー準位は量子数nによって分類され、$n=1$が最低エネルギー状態となる。電子が1個の水素原子や2個のヘリウム原子の場合、電子が$n=2$以上の定常状態にあったとしても、しばらくすると、光子を放出して必ず$n=1$に落ち込んでしまう。ところが、電子数が3個のリチウム原子の場合、2個の電子は$n=1$の最低エネルギー状態に落ち込むが、3番目の電子は$n=2$に留まり続ける。電子の個数が3個から10個の原子（リチウムからネオンまで）でも、$n=1$の状態の電子は2個に限られ、残りの電子は$n=2$の状態になる。電子の個数が11個以上になると、$n=3$の状態に留まる電子が現れる。

こうした観測事実を説明するために、1925年にパウリが導入したのが排他律である。排他律とは、比喩的に言えば、電子が取り得る状態を一人用の座席だと考える理論である。電子は量子数で分類されるさまざまな状態を取ることができるが、こうした状態は、言わば電子のために用意されたたくさんの空席である。ただし、1つの座席には1個の電子しか座ることができない（つまり、電子は〝排他的〟なのである）。原子内の電子の場合、$n=1$に分類される座席（＝状態）は2つ、$n=2$に分類される座席は8つある。[5] 座席はエネルギーの低い方から順に埋まっていくので、原子内の電子が2個のヘリウム原子では2個とも$n=1$の座席に着くが、電子が3個のリチウム原子になると、$n=1$の座席は2個の電子でいっぱいになってしまうので、3個目の電子は、エネルギーの高い$n=2$の座席に座らされることになる。このように、「電子はある状態を占有する」という法則が排他律である。パウリは、排他律の発見によって1945年にノーベル物理学賞を受賞する。

排他律によれば、電子数が多い原子では、エネルギーの低い状態から順に占有されていくことになる。放射線を照射してエネルギーの低い電子を弾き出すと、占有されていた状態に〝空き〟が生じることになるので、エネルギーの高い状態にあった電子が光を放出して空いた状態に遷移してくる。

ディラックによる電子の海のアイデアは、低いエネルギー状態が電子に占有されている原子のイメージを、全空間に拡大したものである。エネルギーの値が負になる定常状態は、全て電子に占有されており、稀に〝空き〟が生じると、しばらく反電子が存在するかのような状態として維持された後、正のエネルギーを持っていた電子が光を放出して落ち込んでくる。ディラックにしてみれば、パウリの排他律が、ディラック方程式を負のエネルギーの困難から助け出すための命綱になったのである。

パウリの反撃

ディラックが次々と新しい理論を打ち出してくるのを横目で見ながら、パウリは苛立ちを募らせていた。ディラックの業績には、パウリやハイゼンベルクが考案した理論の完成度を高め、美しい数式として結晶させたものが多い。ハイゼンベルクが苦労して行った量子条件のややこしい計算を、ディラックは、q数を用いた「$px-xp=h/2\pi i$」という簡明な関係式にまとめてみせた。スピンを扱うためにパウリが導入した行列の方程式を、ディラックは相対論的量子力学の枠組みとして鮮やかに転用した。自分たちの理論を踏み台にして、よりエレガントで完璧なものを作り上げていくディラックの手腕を、彼らがただ感嘆して見ているだけだったとは思えない。

特に、ディラック方程式の論文を読んだときのパウリの衝撃は大きかったはずだ。パウリは、相対論とスピンに関しては、自分がナンバーワンだと自負していた。かつて21歳の若さで相対論に関する詳細なモノグラフを執筆してアインシュタインに賞賛されたことも、異常ゼーマン効果に関する混乱を単純な数式を使った理論で見事に解明してみせたことも、パウリの才能が抜きん出ていることの証である。ところがディラックは、パウリが考案した計算手法を使って、相対論の要請を満たす電子の方程式を鮮やかに作り出してしまったのである。紛れもない天才の業を見せつけられたパウリが心中穏やかでなかったことは、想像に難くない。

ディラックへの対抗意識を燃え上がらせたパウリは、彼独自の方法で相対論的な量子力学の構築を目指すことになる。これこそが、ヨルダンの弦の量子論を発展させた「量子場」の理論である（この理論については、次章で解説する）。**パウリは、19世紀物理学に見られた場と原子の二元論を、場の理論によって統一する方向へと進んでいった**のである。

パウリが場の理論を志向したのに対して、ディラックは原子論者だった。光の量子論において、彼は、真空には振動数ゼロの光子が充満しており、電子との相互作用でエネルギーを得ると、$h\nu$というエネルギーの塊のように振舞うという見方を採っていた。もちろん、ディラックとて、光子がビリヤード球のような粒子ではなく、量子論的な振動が持つとびとびのエネルギーに対応するものであることを了解していたはずである。しかし、式の上では振動のエネルギーにすぎないことが示されても、光子を何か実体的なものであるかのように扱うことを止めなかった。ディラックにとって、振動を表す数式はあくまで人間が自然を理解するために編み出した虚構にすぎず、自然そのものは、もっと原子論的なものとしてイメージされていたようである。

空孔理論もまた、彼の原子論的な世界像の上に構築されている。光子と同じように、電子も真空の中に充満しているという発想だ。ただし、光子とは異なって、電子は質量エネルギーmc^2を持っているため、そのままでは真空の中に潜むことはできない。ディラック方程式に現れる負エネルギーの状態は、電子が潜むのにちょうど良い隠れ家を与えたことになる。

ディラックの世界像によれば、あらゆる物理現象は、真空に充満する電子と光子（そしていまだ理論化されない陽子）が繰り広げる状態遷移の過程である。世界の構成要素である電子と光子は、互いにエネルギーをやり取りしながらさまざまな状態に遷移し、ときには真空の中に埋没する。

これが、ディラックが夢想したであろう原子論的な世界の姿である。

場の理論に惹かれていたパウリは、原子論的な発想に基づく空孔理論に対して当初から批判的だった。ハイゼンベルクとやりとりした手紙の中には、空孔理論について「まるでアクロバットだ」「ひどくぞっとさせられる」といった表現が見られる。すでに量子場に関する理論の枠組みを完成していたパウリからすると、空孔理論はあまりに飛躍したものに思えたのだろう。

科学史の興味深いエピソードであるディラックとパウリの対立は、1933年に1つのピークを迎えることになる。

ディラック敗れたり

ディラックは空孔理論の論文を1929年に書き上げるが、初めから誇らしげに自分のアイデアを吹聴したわけではない。自信に満ちあふれたいつものディラックの書きっぷりとは異なり、この論文からは、どこかおずおずとした印象を受ける。数式を用いた計算は全くなく、「しかしながら〜と解釈するのが自然だと思われる」とか「最終的には次のような説明に導かれると期待して良いだろう」といった曖昧な表現が多い。1931年には、それまでの空孔が陽子だという解釈を改め、未発見の反電子が存在するという考えを表明するが、この新解釈は、なんと、磁気単極子（N極かS極のどちらか一方しか存在しない磁石）の存在を予言する論文の序論部分で、ついでの話でもするかのように示された。どうもディラックは、初めのうちは空孔理論にあまり自信がなかったようだ。

しかし、彼はしだいにこの理論に入れ込むようになる。1930年代前半には、空孔理論を正当化するために、膨大な計算を含む論文を何本も執筆した。それ以前のディラックの論文は、簡明な数式を程良く配置するエレガントなものだったが、この時期の論文は、どこか力ずくで相手をねじ伏せようとしている感がある。その計算は異常に難しく、パウリですら恐れをなしたほどだ。そこには、天才ディラックの焦りが見て取れる。

1932年にアンダーソンによって陽電子（ディラックの言う反電子）が発見されたとき、ディラックは自分の理論の正しさを確信したろう。しかし、パウリはそうは考えなかった。彼は手紙を通じてディラックと議論を闘わせていたが、その一通には、「反電子の存在が検証されたとしても、私は空孔の考え方を信じません」と冷ややかに記されている（1933年5月1日付け書簡）。

1933年10月にブリュッセルで開催された第7回ソルベイ会議で、ディラックは、「陽電子の理論」という講演を行った。この講演では、空孔に関する概説の後に、負のエネルギーを持つ電子の海が正のエネルギーの電子にどのような影響を及ぼすかが簡単に論じられた。そして、この影響が実験で見いだされれば、自分の仮説の正しさが確かめられるはずだと話を結んだ。

ディラックの講演が終わって質疑応答が始まると、出席していたパウリが口を開いた。「排他律が本質的な役割を果たしているので、空孔理論には当初からとても興味を持っていた」と穏やかに語り始めるが、すぐに「この理論には満足できない点がある」と語気を強め、計算に必ず無限大がつきまとうこと、真空が持つエネルギーの定義に曖昧さがあることなどを指摘した。ディラックは適切な反論ができなかった。

パウリに続いて、ボーアが空孔理論の実験的検証に難があるのではないかと質問したところ、ディラックは、きちんと計算していないが問題ないはずだと回答した。しかし、再びパウリが口を開き、その答えが間違っていることを指摘した。パウリはなおも続けざまに質問を繰り出した。ディラックはただじたじとなった。

ディラックは、この年の12月にノーベル賞を受賞しており、世間的には絶頂期にあったはずである。しかし、物理学者としては、決して喜びに満ちた日々ではなかったようだ。

パウリは、負のエネルギーを用いる計算法に何か使い道がないかと検討してみるが、1934年に、「空孔理論は、歴史的には役に立つ面があったものの、もはや捨て去るべきだ」と結論づける（1934年2月6日付けハイゼンベルク宛書簡）。

空孔理論に対するパウリの批判が全面的に正当だったわけではない。計算に無限大が現れたりエネルギーの定義に曖昧さが残ったりする欠点は、パウリの量子場の理論にもあったからである。しかし、その後の理論的発展は、ディラックの敗北を決定づけた。電子と光の振舞いを正しく記述するのは、パウリがヨルダンやハイゼンベルクと協力して作り上げた量子場の理論だったのである。

電子の海と空孔というアイデアは、全くの間違いだった。しかし、それは天才だけが思いつくことのできる壮麗な間違いだった。

第7章　量子場の理論——ヨルダン・パウリ・ハイゼンベルク

ディラックへの対抗意識に駆り立てられたパウリは、1929年、ハイゼンベルクとの共同研究の成果として、電子と光に関する壮大な理論を作り上げる。これが、アインシュタインの一般相対論とともに、20世紀の物理学の金字塔と言われる「量子場の理論」である。19世紀の物理学で対立的に扱われていた《物質を構成する原子》と《力を媒介する場》という2つの概念は、ここに至って遂に統一された。

ディラックの理論でも、光に関しては、波動性と粒子性が見事に調和していた。摂動論の計算を行うと、光が$h\nu$の整数倍という離散的なエネルギーを持つ振動として放出され、波として空間を伝わっていくことが示される。光が波動であると同時に粒子であるという光量子論の謎は、ディラックの業績によって一応の解決を見たと言っても良い。

しかし、電子の場合、そう簡単にはいかない。電子に関して光と同じような理論を作ろうとしても、両者はあまりに異質であり、同じ方法論が使えるようには思えないからである。

例えば、光は常に光速で伝播し、止まることなどあり得ない。これは、いかにも波に相応しい振舞いである。ところが、電子は、運動を妨げるような電圧を加えることによって、その場に静止させることができる。波の動きが止められることは、どうにも不思議に感じられるだろう。また、光は電子から放出されたり、逆に電子に吸収されたりと生成消滅を繰り返しており、実体を持たない波動と見なしても違和感はないが、電子は他の何かに吸収されて消えてしまうことはない。要するに、電子は、どこからどう見ても粒子なのだ。電子が波動的に振舞う理由を納得のいくように説明することは、きわめて難しい。

すでに述べたように、電子を凝集した波（波束）として扱おうとするシュレディンガーの議論は、１９２７年にハイゼンベルクによってあっけなく論駁されていた。ディラックですら、粒子のように存在し波動のように運動するという折衷的な見方を乗り越えることができなかった。これに対して、**パウリらによる量子場の理論は、光だけでなく、電子の存在をも場の振動に還元してしまうというものである。この理論では、場があらゆる物理現象の担い手であり、ただ一つの物理的実在と呼ぶことさえ許される。**なぜ、そんなことが可能なのか？　そこには、場が何であるかを見通したパウリの卓見があった。

物理学史上に燦然と輝く量子場の理論は、形式的には、１９２６年から２９年に掛けて、ヨルダン、パウリ、ハイゼンベルクによって作り上げられた。ただし、その理論形式の意味するところが具体的に明らかになるのは１９３０年代であり、測定データと比較できる実証的理論として完成の域に達するのは20世紀後半になってからである。

ヨルダンが基礎を作る

量子場の理論の出発点となるのが、第5章で取り上げたヨルダンによる弦の量子論である。行列力学の基本を解説したボルン＝ヨルダン＝ハイゼンベルクの大論文の末尾に付録のように掲載されたものだが、量子論を使って弦を伝わる振動の性質を調べ、とびとびのエネルギーを持つ粒子的な状態が生じることを示す画期的な内容だった。**拡がりを持つもの（弦、膜、媒質、あるいはそれ以外の何か）が量子論的な振動を行うと、粒子・波動の二重性を示す現象が生じる——これが、量子場の理論の基本的な発想である。**

弦の量子論の研究を通じて「振動する場」についての理解を深めていったヨルダンは、光の放出と吸収に関するディラックの論文に触発され、オスカー・クライン（1894〜1977）との共同研究に着手する。1927年に発表された共著論文では、電子もまた光子と同じく、振動する場によって生み出されるというアイデアが具体化された。もっとも、この時点でまだディラック方程式は発表されておらず、電子を表す場として何を考えるべきか良くわからなかったので、ヨルダンとクラインは、（時間に依存する形に拡張された）シュレディンガーの波動関数 $\Psi(t,x)$ を取り上げた。シュレディンガーの定式化によれば、この波動関数では1個の電子しか表すことができず、複数の電子を表すためには、$\Psi(t,x_1,x_2,x_3\cdots)$ というように位置座標を表す引数を増やしていかなければならない。これに対してヨルダンとクラインは、ただ1つの x しかない $\Psi(t,x)$ であっても、これを q 数と見なして量子論的に扱えば、その振動状態を元に複数の電子を表せると考えたのである。これは、光の場 $A(t,x)$ を q 数として扱うことにより、電磁場の状態を光量子の集まりとして表すというディラックの理論を電子に応用したものである。

特に重要なのは、ヨルダンとクラインが、場に関する量子条件を具体的に書き表した点である。

これは、ディラックにもできなかったことであり、量子場の理論に向けての大きな前進となった。

ディラックが示したように、粒子に関する量子条件は、位置をx、運動量をpと書いたとき、q数としての関係式「$px-xp=h/2\pi i$」という形で表される。ところが、場はあらゆる場所と時刻にわたって存在しているので、粒子の場合よりも量子条件はずっと複雑になる。ここでは、話をわかりやすくするために、第5章で弦の量子論を説明する際に示したように、場を「互いに連結されたたくさんのバネの集まり」としてイメージすることにしよう。電子の場$\Psi(t,x)$は、「場所xにあるバネが、時刻tにΨだけ伸びている」というふうに考えることができる。バネに取り付けられたおもりの場合、量子条件「$px-xp=h/2\pi i$」に現れるxは、おもりの位置が平衡点からxだけずれ、その結果としてバネがxだけ伸びていることを表している。とすると、電子の場の量子条件は、「$px-xp=h/2\pi i$」のxの代わりにΨを用いた式になるはずである。

ヨルダンとクラインは、さらに$\Psi(t,x)$が満たす波動方程式の形から、運動量pに相当する量$\Pi(t,x)$を導き出した。電子の場を量子論的に扱うときには、量子条件の式で、

位置 $x \to \Psi(t,x)$

運動量 $p \to \Pi(t,x)$

という置き換えを行わなければならない。最終的にヨルダンとクラインが求めた量子条件は、次のような形になっている。

$\langle \Pi(t,x)\Psi(t,y)-\Psi(t,y)\Pi(t,x)\rangle = h/2\pi i$……①

左辺を括弧でくくったのは、xとyのそれぞれについて同じ微小領域で平均を取ることを意味

している。平均を取るのは、大きさが無限小で個数が無限大のバネを扱うことによる困難を回避するための便法である[1]。

ヨルダンとクラインの量子条件①で注目すべきは、時刻tと場所x（あるいはy）がペアで現れている点である。この式は「時間と空間が同じような形で現れる」という相対論の要請を満たしているのだ。ディラックが提案した「$px - xp = h/2\pi i$」という量子条件は、粒子の位置xだけが現れて時刻tが含まれないという点で、相対論とは反りが合わなかった。そもそも、「粒子がある位置xに存在する」という命題は、粒子の状態を限定する明確な意味を持つが、「粒子がある時刻tに存在する」という命題はほとんど意味を持たないので、粒子概念にこだわっている限り、位置と時刻をペアで扱う相対論的な量子条件を導くことはできない。**粒子概念を捨て、場の概念を採用することによって、初めて相対論的な量子条件が得られる**のである。

この成果が発表されるまでは、場に量子論を適用する方法ははっきりとしていなかったが、ここに至って、ようやく靄が晴れて展望が開けてきたのである。朝永振一郎の回想によると、京大で卒論のための勉強会をしていたある日、湯川秀樹が「こんな論文がある」と興奮して持ってきたのが、このヨルダン＝クラインの論文だったという。おそらく、ディラックの論文の難解さに歯ぎしりしていた多くの物理学者が、同じ興奮を感じたことだろう。

ヨルダンはさらに、１９２８年にユージン・ウィグナー（１９０２〜９５）との連名で、排他律が成り立つように量子条件を改良する方法を発表した[2]。

電子の場$\Psi(t,x)$が量子条件①を満たすq数だとすると、Ψの振動が閉じ込められた波のようになって、エネルギーが離散的な値になるはずである。そこで、次に解決しなければならないのが、こうして生じる**エネルギー量子と電子がどのような関係にあるか**という問題である。

パウリが完成させる

量子場の理論は、ヨルダンの一連の業績によって基礎が築かれた。しかし、彼が論文の中で示した式の多くは、まだ未熟な理論に基づいて導かれており、そのままでは正しくない。量子場の理論を完成の域へと進化させるには、パウリの才能が必要だった。

ディラックが天才だとすれば、パウリは怪物だった。同時代人の証言を読むと、人間としての評価はあまり芳しくない。皮肉屋で自信過剰、他人の理論で気に入らないものは徹底的にこき下ろす。学会の場でディラックやド・ブロイを血祭りに上げたこともある。運動嫌いのため肥満し、ひどく不器用ですぐに物を壊してしまう。しかし、物理学に関しては、誰しもが認めていた通り、膨大な学識と透徹した洞察力を備えていた。彼に認められることは理論の正当性の証とされ、「パウリの裁可（sanction）」と呼ばれた。そのパウリが全力を傾注して作り上げたのが、量子場の理論である。

彼には、何が本質で何が枝葉かを見極める抜群の眼力があり、理論の中の不必要な部分を切り捨てて、本質的な要素だけを的確に定式化することができた。論文の執筆数は年に2～3本程度にすぎず、大学教授（1928年からチューリッヒ工科大学の教授職に就いていた）としてはいささか寂しい数とも言えるが、その1つ1つが細心の注意を払って彫琢されており、内容については間然するところがない。また、彼が執筆した相対論や量子論などの最先端理論に関するモノグラフは、急速な進歩が見られる分野であるにもかかわらず、驚くべきことに、数十年経っても古びることがない。1933年に出版された『波動力学の一般原理』の場合、前半3分の2に当たる量子力学の記述は、1958年に再刊されたときにもほとんど訂正を必要としなかった（反電子が見つかっていないと空孔理論を批判した後半部分には、若干の修正がなされたが）。もし物理学の世界に完璧なものがあるとすれば、それはパウリの論文である。

パウリが量子場の研究に本格的に着手するのは、1928年のことである。この年に発表されたヨルダンとの共著論文は、前半でヨルダン＝クラインの量子条件を電磁場に適用する方法を扱っており、その簡潔で美しい定式化は見事としか言いようがない。しかし、さらに重要なのが後半である。ここでは、**「場」と「波動関数」を明確に区別しなければならない**ことが主張されている。

ディラックは、波動関数Ψを量子論的なq数だと見なす理論を作ろうとしていた。一般的な理解によれば、Ψそのものは実在的ではない。波動関数は、もともとシュレディンガーが電子の実体を表すものとして導入したが、波動関数が電子の実体だという解釈は、すでにハイゼンベルクらによって論駁されていた。ディラックも、ハイゼンベルク流の考え方を踏襲して、波動関数Ψ自体は観測可能な物理的実体ではなく、電子の状態を規定するものだと見なしていた。波動関数とは別に粒子としての電子が存在しており、電子の状態がどのようになるかが波動関数によって定まるという立場である。ヨルダンの立場は必ずしもはっきりしないが、ヨルダン＝クラインの論文では、波動関数をq数として扱うというディラックの手法が使われた。

一方、パウリの見解は、ディラックとは全く異なっていた。彼は、波動関数とは別に、ダイナミックに振動を伝える電子の場を想定した。q数になるのはこの電子の場であって、波動関数ではない。**ディラック流の立場では、電子という粒子の存在を理論の前提としなければならない。これに対して、パウリ流の立場によると、電子とは場の振動が粒子のように振舞うことだと解釈される。つまり、電子はあくまで派生物なのである。**

もっとも、ヨルダンとパウリの論文では、場と波動関数を区別するという態度表明がなされたにすぎず、電子について言及されているわけではない。どこからどう見ても粒子である電子がいかにして場から派生するかは、この段階では、まだ謎のままだった。

パウリが電子についての具体的な理論を定式化するのは、1929年と30年に2部に分けて発表されたハイゼンベルクとの共著論文「波動場の量子力学について」においてである。この80ページを越す大論文で、電子と光の相互作用に関する量子場の理論——電磁気学の量子論という意味で**量子電磁気学**とも呼ばれる——の形式が完成されたわけである。もともと論文数の少ないパウリだが、2年間でこれしか執筆しておらず、量子場の研究にいかに心血を注いだかが窺える(もっとも、同じ時期に結婚と離婚を経験しており、その心労が重なって論文が書けなかったのかもしれないが)。1934年には、ヴィクター・ワイスコップ（1908〜2002）と、電子や光の場とは少しタイプの違う量子場（スカラー場と呼ばれるもの）についての基礎理論をまとめ上げた。

科学史では、量子場に関する理論形式の完成者として、量子電磁気学を作り上げたハイゼンベルクとパウリの名前を挙げることが多い。しかし、実際には、ヨルダンが基礎を作り、パウリが完成させたと言うべきだろう。

量子場の理論

量子場の考えに従うと、この世界の最も基本的な構成要素は、空間の至る所に存在する場であり、あらゆる物理現象は、場の振動が波として伝わっていく過程として表される。量子場理論の研究者たちは、物理現象が波であることを改めて認識し、この言葉を論文中でたびたび使うようになる。ヨルダンは、場における波動を言い表すのに「ド・ブロイ波」という言い方を用い、これを量子論的に取り扱うことを「ド・ブロイ波の量子化」と呼んだ。ハイゼンベルクやパウリは、論文のタイトルに「波動場（Wellenfeld）」なる言葉を使い、論文中でしばしば「物質波」という言い方を採用した。また、パウリは、１９３３年のモノグラフで、１９２６年までの量子力学のことを「行列力学」ではなく「波動力学」と呼び、そのまま量子場の理論へと直結させている。「波動力学」という言葉は、もともとはシュレディンガーが自分の理論を呼ぶときに用いたものだ。彼もまた、あらゆる物理現象が波動であるという立場を取っていたが、そこで用いられた波動関数は、粒子のように凝集した状態を保つことができずに拡散してしまうため、現象の根源的な記述にはならなかった。これに対して、**量子場の理論では、場そのものを量子論的な q 数だと見なすことで、粒子的な状態を維持することに成功した。**

ハイゼンベルクとパウリによる電子の理論では、ディラック方程式と同じ式が使われているものの、その解釈はディラックとは全く異なる。ディラックがこの方程式を考案したとき、彼は方程式の中に現れる$\Psi(t,x)$を波動関数の一種だと見なしていた。これに対して、パウリらは、波動関数とは概念的に異なる電子の場が、同じ方程式を満たしていると考えたのである。ここでは、波動関数Ψとの違いを明確にするために、電子の場は小文字のψで記すことにしよう。$\psi(t,x)$は、時刻t、場所xにおける電子の場を表しており、波動関数のように、電子が位置xに存在する確率を示すのではない。量子場の理論においては、**主役はあくまで場であって、粒子は派生的なものに他ならない**のだ。

電子が粒子だと思われてきた理由の1つが、静止できることである。もし電子の場ψが、図7に示したように、互いに連結されて無限に続くバネのようなものならば、振動は必ず周囲に伝わっていき、静止した状態を作ることはできない。電子がどうして静止できるかを明らかにするためには、もう少しψの振動の性質を調べる必要がある。ただし、話を簡単にするために、しばらくは、ψが持つ4成分のうち正エネルギーとなる1つの成分だけに注目することにしよう。

ψの振動によって表される状態が「静止している」と言える場合があるとすれば、それは、振動の仕方がどの場所でも同じになるときだ。バネのイメージを使えば、全てのバネが同期していっせいに伸びたり縮んだりしている状態である。光の場では、そのような状態は場の方程式を満たさないので、実現できない。しかし、電子の場では状況が異なる。全ての場所でψが同じように振舞うと仮定すると、ディラック方程式は、

$$\alpha = -(2\pi mc^2/h)^2\psi \cdots\cdots ②$$

という式に書き換えられる。(3) ただし、αは電子の場ψが振動するときの加速度である。この式には見覚えがあるだろう。そう、$\nu = mc^2/h$と置けば、一端を固定された振動数νの1つのバネが振動するときの式（第5章の式①）と同じ形をしているのだ。すでに何度も見てきたように、こうしたバネがディラックの量子条件「$px - xp = h/2\pi i$」を満たす場合は、$h\nu$、$2h\nu$、$3h\nu$…という離散的なエネルギーを持つ。電子の場ψも、ディラックの量子条件と良く似たヨルダン＝クラインの量子条件①を満たしているので、同じようなとびとびのエネルギー準位になる。このとき振動数$\nu = mc^2/h$なので、電子の場が振動することによるエネルギーは、$h\nu = mc^2$の整数倍のmc^2, $2mc^2$, $3mc^2$…という値になる。(4) つまり、全ての場所でψが同じように振動するとき、場はmc^2というエネルギーのまとまりが整数個存在するような状態になるのだ。これが、質量エネルギーmc^2の電子が整数個存在するケースに相当する。**電子の個数とは、ビリヤード球のような粒子の数ではなく、mc^2というエネルギーのまとまりが何個あるかを意味している。**

　電子が静止できるのは、電子の場ψを意味するバネが式②に従って振動し続けられるからである（したがって、質量mがゼロならば静止することはできない）。ただし、全てのバネが同じように（同じ振幅と位相で）伸びたり縮んだりしていないと、電子が完全に静止しているとは言えない。逆に言えば、電子が完全に静止しているときには、全てのバネの振動が同じになるので、どこで振動が起きているかという場所を特定することができず、その結果として、電子の位置は完全に不確定になる。「電子が完全に静止する」とは電子の運動量がゼロに確定することなので、電子の位置が完全に不確定になることは、位置と運動量を同時に確定できないというハイゼンベルクの不確定性原理と合致している。と言うよりも、**本当は、電子が場の振動状態であることこそが、不確定性原理の起源**なのである。

図15　電子の場のイメージ

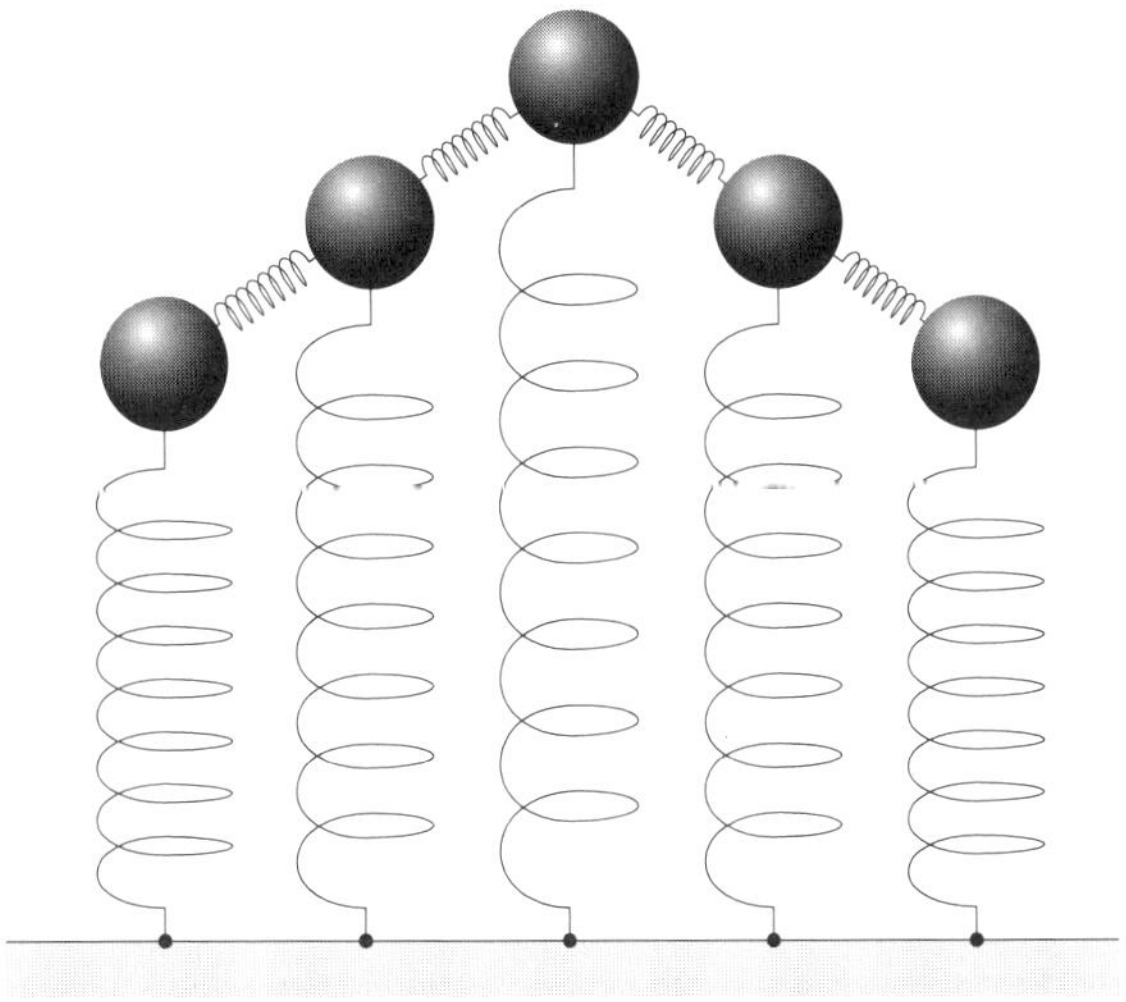

ここまでの話は、静止した電子を議論するために、全てのバネ（すなわち空間の各点における電子の場 ψ）が同じ振動をしていると仮定してきたが、実際には、振動の仕方はバネごとに異なるのがふつうである。しかも、ディラック方程式の形から、伸びの差に応じて近接した電子の場が互いに作用を及ぼし合うことが示される。したがって、電子の場 ψ とは、図15のように、一端が固定されたバネ（振動数 $\nu = mc^2/h$）と、相互に連結されたバネが組み合わされたシステムとしてイメージすることができる。

電子の実体は、光と同じように場の振動である。しかし、**光と違って質量を持って**おり、**静止することが可能なので**、いかにも粒子のように振舞うのである。

空孔と反粒子

ディラックとパウリらの立場の違いを如実に示すのが、陽電子の解釈である。1932年に発見された陽電子は、電荷の符号が正である点を除けば、電子とそっくりの性質を持っていた。陽電子発見の報を耳にしたパウリは、これがディラックの空孔理論を支持する証拠になりはしないかと恐れ、陽電子は電子とは全く別種の粒子だというパウリらしからぬ的はずれのアイデアを検討したこともあった。しかし、その後、ハイゼンベルクとの手紙のやりとりなどを通じて、自分たちの量子場の理論の枠内で陽電子の存在を完全に説明できることを認識する。これが、自然界には「粒子」に対する「反粒子」が存在するという理論であり、その基本的なアイデアは、ハイゼンベルクからパウリに送られた1934年2月17日付け書簡に記されている。

第6章で述べたように、ディラック方程式には、$\Psi^{(+)}$と$\Psi^{(-)}$という2つの成分が現れる。ディラックは、これを、電子という1つの粒子が取り得る2つのエネルギー状態だと解釈した。前者が正のエネルギー、後者が負のエネルギーの波動関数である。高いエネルギー状態にある電子は、通常は光子を放出して低いエネルギー状態に遷移する。全ての電子が負のエネルギー状態に落ち込まないようにするために、ディラックは、負のエネルギー状態はすでに電子に占有されていると考えた。陽電子は、この「電子の海」の中で電子に占有されていない空孔の状態に相当する。

パウリらは、ディラックと同じ式を使いながらも、全く異なる解釈を採用した。ディラックは、方程式に現れるΨを一種の波動関数と見なしていたが、パウリらは、これを電子の場——小文字のψで記そう——を表すと解釈した。さらに、2つの成分のうち、$\psi^{(+)}$は確かに正エネルギーの電子の状態を表しているが、$\psi^{(-)}$は、負エネルギーの電子ではなく、正のエネルギーを持つ「反電子（電子の反粒子）」の状態を表すと考えたのである。ディラックの解釈によれば、陽電子とは、負エネルギーの電子の不在（空孔）だが、パウリらの解釈によれば、正エネルギーの反電子の存在を表す。これは単なる言葉の綾ではない。数学的に定式化された厳密な理論なのである。

光子は、電子と陽電子をペアで作るという「対生成《ついせいせい》」を起こすことができる。この現象に対して、ディラックは次のような解釈を与えた。光子は、負エネルギーの電子が充満した電子の海の中で、1つの電子にエネルギーを与えて正のエネルギー状態に遷移させた。その結果として、電子の海に負エネルギー状態の欠落部分（空孔）ができ、これが陽電子として振舞ったというのである。一方、パウリらの解釈はこうである。最初、電子の場も反電子の場も振動していない状態にあった。ここに光子がやってきて2つの場にエネルギーを与え、ともに振動状態に遷移させた。場の振動はまるで粒子のように振舞うので、電子と陽電子がペアで作られたかのように見えることになる。

ディラックによれば、電子と空孔は、バックグラウンドとなる電子の海に対して過剰と不足の関係にあり、両者が合体すると、過剰な存在である電子が不足を埋める形となってともに消滅する。これに対して、パウリらの理論では、電子も反電子も、ともに場が振動している状態であり、真空（＝場が振動していない状態）よりもエネルギーが高い。物理学的に正確な表現ではないが、粒子と反粒子の関係は、ディラックが想定したような過剰と不足というよりも、むしろ、逆向きにねじれて振動している状態としてイメージした方が良いだろう。両者が合体すると消滅してエネルギーを放出するが、これはねじれが解消されたのであって、空孔が埋められたというわけではない。

電子と光の相互作用

ハイゼンベルクとパウリの量子電磁気学では、電子の場と光の場を支配する法則が、崇高なまでに美しい（と理論物理学者が感じる）式にまとめられている。この式こそ、一般相対論におけるアインシュタイン方程式とともに、20世紀物理学の頂点とも言えるものである。とは言っても、式の全てを書くとかえって混乱を招くので、ここでは相互作用項だけを記して、その美しさの一部を味わっていただこう（「どこが美しい！」と突っ込まないでほしい）。相互作用項は、

$-e\sum_{\mu}\psi^{\dagger}\gamma^{0}\gamma^{\mu}A_{\mu}\psi$　（†はエルミート共役と呼ばれる数学的操作を表す）……③

と表される。この式に登場するψは、電子と陽電子（反電子）の2つの成分に分かれ、さらに、電子・陽電子それぞれにスピンの状態が2つずつあるので、あわせて4つの成分を持っている。4種類あるγ《ガンマ》は全て4行4列の行列で、4つの成分を持つψとの積を取ることによって、式全体は1行1列になっている。この簡潔な式が、電子（および陽電子）の場ψと光の場A（正確な表記では上の式のように添字μを付けなければならない）の相互作用を表している。

第5章で述べたように、ディラックは、摂動論の手法を元に、電磁気的な現象を素粒子の反応として理解する方法を示した。摂動論によると、「電子と光の相互作用」は、光の場Aの振動状態をエネルギーが$h\nu$だけ大きい（あるいは小さい）状態に遷移させる作用になるが、これをエネルギー$h\nu$の光子が1個生成（あるいは消滅）する過程と解釈することにより、電磁気現象が光子の生成・消滅という素粒子反応として捉えられる。それでは、摂動論に基づくこうした見方を電子の場に応用すると、どうなるだろうか？

電子と光の相互作用によって「1個の光子の生成ないし消滅」が起きることは、式③に光の場Aが1つ含まれていることに対応する。同じことを電子の場について見ると、式③にψは2つ含まれているので、「電子または陽電子の生成ないし消滅」は2回起きるはずである。この結果、例えば、「1個の電子が消滅し、1個の電子と1個の光子が生成する」という過程が生じることになる。ただし、この表現は冗長なので、「1個の電子が1個の光子を放出する」過程と見なすことにしよう。γ行列の具体的な表現を代入して調べると、式③の相互作用によって実現可能な過程は、次の4つのタイプに分類されることがわかる。

（1）1個の電子が1個の光子を放出または吸収する
（2）1個の陽電子が1個の光子を放出または吸収する
（3）1個の光子が消滅して、1個の電子と1個の陽電子が生成する
（4）1個の電子と1個の陽電子が消滅して、1個の光子が生成する

このうち、（3）と（4）は、電子と陽電子の対生成および対消滅を表している。

対生成や対消滅の可能性があるので、電子の個数が一定に保たれるというわけではない。しかし、電子数が増減する過程は、われわれの身の回りではほとんど起きない。確かに、電子と陽電子をペアで作り出すことはできるが、そのためには、2つの粒子の質量エネルギー $2mc^2$ より大きなエネルギーを用意しなければならない。この値は、燃焼や溶解といった化学反応の際に1つの分子がやりとりするエネルギーの百万倍程度という莫大なものであり、核反応でも利用しなければ手に入らない。したがって、通常の電気実験の範囲では、1個の電子は常に1個の電子であり続けることになる。この性質は、電子が波動であることを忘れさせるのに充分である。

電子を単独で作り出すことができないのは、ψ が4つの成分を持つことと密接に関係している。式③の相互作用項全体は、行列として見るならば1行1列である。ψ^+ が1行4列、ψ が4行1列、その間にはさまっているのが4行4列の行列なので、かけ算を行うと1行1列になるのである。実は、式③のように相互作用項全体が（1行1列の行列という）1つの成分で表されていないと、場の方程式を書いたときに、左辺が4成分で右辺が1成分といった数学的にあり得ないアンバランスな式になってしまうのである。4成分を持つ ψ から1成分の相互作用項を作るためには、少なくとも2つの ψ を組み合わせなければならない。この結果として、電子は単独で生成・消滅することはなく、必ず陽電子とペアになって現れたり消えたりするのである[5]。

電子と陽電子の入れ替え

ところで、ディラックを悩ませた $-mc^2$ という負のエネルギーはどこに消えてしまったのかと疑問に感じる人もいるだろう。実は、パウリらは、コロンブスの卵とも呼びたくなる方法で、この問題を解決してしまったのだ。

電子・陽電子の生成・消滅には、質量エネルギー $\pm mc^2$ の増減が結びついている。電子の場合は、「電子が生成すると、質量エネルギーが $+mc^2$ だけ増える」という関係がある。それでは、陽電子ではどうなるだろうか？

陽電子の場が満たす方程式は、質量エネルギーの項が $-mc^2$ になっている以外は電子の方程式と同じである。したがって、電子のときの $+mc^2$ を $-mc^2$ で置き換えて、「陽電子が生成すると、質量エネルギーが $-mc^2$ だけ増える」という関係が成り立ちそうである。だが、これでは陽電子が負のエネルギーを持つことになってしまい、ディラックの悩みは解決されない。

ここで考えなければならないのは、電子に関する性質から陽電子に関する性質を導き出すにはどうすれば良いかだ。このことは、式の上で「電子と陽電子を入れ替える」という操作を見いだすことに相当する。右と左を入れ替えるには、鏡に映せば良い。左右が逆転した鏡の中の世界を考えることは、数学的には、座標 x を $-x$ に置き換える変換に当たる。それでは、電子と陽電子を入れ替えるためには、どのような数学的変換を行えば良いのだろうか？　この問題は、1934年頃からハイゼンベルクとパウリの間で手紙のやりとりを通じて議論されたが、最終的には、「エルミート共役」と呼ばれる数学的な変換を行えば、電子と陽電子が入れ替わった世界になることが判明した。しかも、このエルミート共役という変換操作を方程式に施すと、電子と陽電子が入れ替わるだけでなく、生成と消滅の関係も逆転することが示されたのである。つまり、電子の生成に対応するのは、陽電子の消滅なのである。

電子の場合、生成によって質量エネルギーが $+mc^2$ だけ増える。これを陽電子に関する命題に翻訳する際には、$+mc^2$ を $-mc^2$ に置き換えるだけではなく、生成を消滅と読み替えなければならない。**つまり、陽電子の場合は、「消滅によって質量エネルギーが $-mc^2$ だけ増える」ということになる。これは、陽電子が負ではなく正の質量エネルギーを持つことを意味する。**ディラックを悩ませた負のエネルギーの謎は、見事に解消されてしまったのである。

量子電磁気学では、エルミート共役という変換操作を行って電子と陽電子を入れ替えても、物理法則には変化がない。量子電磁気学に支配される世界は、電子と陽電子の入れ替えに対して不変であり、入れ替える前と全く区別が付かないのである。

電子と陽電子を入れ替えるという操作は、より一般的に、あらゆる粒子と反粒子（例えば、陽子と反陽子）を入れ替える操作に拡張することができる。だが、さまざまな素粒子が存在する現実の世界では、電子と光子しか存在しない世界とは異なり、粒子と反粒子を全て入れ替えると、物理法則がほんの少し変わることが示される。反粒子の従う物理法則が、粒子の従う物理法則と少しだけ違うせいで、ビッグバンで誕生した直後の熱く混沌とした宇宙には、反粒子10億個に対して粒子が10億1個存在するというアンバランスが生じることになった。その後、宇宙が冷えていく過程で、粒子と反粒子は対消滅をして消えていくが、対消滅できなかった10億分の1の粒子が宇宙空間に残され、天体を形成し生物の存在を可能にするのである。

量子場と波動

1926年版の量子力学では、電子の位置がq数で表されていた。q数の物理量は、c数の場合と異なって確定した値を持たず、量子論的なゆらぎによって波のような拡がりを示す。こうした特性があるため、電子の位置がある領域内に制限されるシステムでは、ちょうどバスタブに入れられた水と同じように、定在波となる特定の振動しか持続しない。こうした性質は、原子が離散的なエネルギー準位を持つ理由を明らかにしてくれる。しかし、位置の制限がなく自由に動き回る電子の場合、電子の波は周囲に拡がってしまうため、粒子としての性質を維持できなくなってしまう。

量子場の理論の要諦は、電子の位置ではなく、電子の場ψをq数で表すことである。電子の場は空間の至る所に小さなバネが存在するものとしてイメージされるが、このバネの伸びが量子論的にゆらいで確定しない。バネそのものが波のようにぼんやりとし、バスタブ内部の水と同様に振動のパターンが限られてしまうのである。電子の場が行う基本振動のエネルギーはmc^2である。この基本振動はあらゆる地点で共通なので、電子はどこにあっても、質量エネルギーがmc^2の粒子のように振舞うことになる。波動関数だけでは粒子状態を保てないという量子力学が抱えていた欠陥は、量子場の理論では、基本振動のエネルギーが維持されるという形で克服された。**量子場の理論は、量子力学に対する上位理論であり、量子力学は、量子場の理論における粒子的な振舞いを粒子そのもので近似した理論にすぎない**(6)。

こう言ってしまうと、いかにも簡単な話のように聞こえるかもしれないが、量子場の理論は、根本的な難解さを秘めている。特にわかりにくいのは、波動が二重に現れる点である。1つ目の波は、電子の場 $\psi(t,x)$ が担うものである。ψ が c 数ならば、音波や弾性波と同じような古典力学で記述される波が場を伝わっていく。しかし、実際には、ψ は q 数なので、あらゆる地点でゆらいでいる。このゆらぎが、2つ目の波である。シュレディンガーの理論では、波動関数 $\Psi(x)$ によって q 数である電子の位置 x のゆらぎを表していたが、量子場では ψ 自体が q 数なので、$\Psi(\psi(t,x))$ という絶望的なまでに難しい関数を考えなければならない。こんな関数は、計算によって値を求めることなどできない。量子場の理論を用いてきちんと計算できるのは、(第8章で出てくる電子の異常磁気能率のような) ごく一部の物理量だけであり、それ以外は、半経験的な手法を援用しながら近似的に求めるしかない。

量子場はなぜポピュラーでないか

量子場の理論は、1926年版の量子力学よりも一歩進んだ理論であり、物理世界の根源を明らかにしようとする試みである。概念的にも、電子の位置と運動量がなぜ不確定になるのかさっぱり理解できない量子力学よりは、電子が波動であるために不確定性が生じるとする量子場の理論の方が、すっきりしていると思われる。これだけの理論が、1920年代後半の数年間で完成形を与えられるまでに練り上げられたことは、正に驚異である。

にもかかわらず、量子場の理論は、量子力学ほどポピュラーにはならなかった。量子力学を一般人向けに解説する著作が数多く出版されてきたのに比べて、量子場理論の解説書はほとんど見あたらない。その理由は何だろうか？　最大の障害は、何と言っても、量子場というアイデアの根本的な難しさだろう。量子力学の波動関数ですら難しいのに、二重の波動を考えなければならないというのでは、物理学に馴染んでいない人にとって、脳のキャパシティを越えかねない。

そのほかにもいくつか理由が挙げられる。

第1に、物理学界で量子場理論の受容が大幅に遅れたという事情がある。理論の形式は、1929年のハイゼンベルク＝パウリの論文によって提出されたが、この形式を使って何かを計算しようとしても、実際にはうまくいかなかった。ほとんどの場合、計算の結果が無限大になってしまい、測定データと比較することができなかったのである。まともに計算ができるようになるには、次章で解説する「くりこみ理論」の完成を待たねばならなかった。それまでの間、量子場の理論は本質的な欠陥を内包するダメ理論ではないかと見なす物理学者も少なくなかった。くりこみ理論に基づく具体的な計算が積極的に進められるのは、ようやく1950年代に入ってからである。

第2に、たとえくりこみ理論に基づく計算が遂行できたとしても、量子場の理論は、難しい割にほとんど役に立たない。1930年代、多くの物理学者は原子核の研究に傾倒していったが、原子核の性質を研究するには、1926年版の量子力学で充分だった。また、化学反応や固体物性を調べる際にも、量子場の理論は必要ない（超伝導の研究で量子場の計算手法が援用されることはあるが、量子場そのものを使うわけではない）。量子場の理論は、人間に知的満足を与えるだけのものであり、全くと言って良いほど応用が利かないのである。

そして、第3の理由として挙げなければならないのが、優れたスポークスマンがいなかったということだろう。量子力学の場合は、ボーアとハイゼンベルクが講演やエッセイを通じて専門家以外に向けた解説を積極的に行い、理論の内容が広く知られるきっかけを作った。ところが、量子場の理論では、その建設に当たって最も重要な役割を果たしたディラックとパウリが、そろいもそろって他人とまともにつきあえない変人だった。二人とも、専門家向けの高度なモノグラフは執筆したものの、一般人向けの著作はほとんど残していない。それどころか、一般人と交流を持つことを拒否していた。ディラックは異常なまでに無口であり、人と話すときの語彙は「Yes」「No」「I don't know」の3つだけだったというジョークもある。ノーベル賞を受賞した際には、ロンドンの大衆紙に「カモシカのように恥ずかしがり屋」と評された。一方、パウリは他人に厳しい完全主義者で、理論に少しでも瑕疵を見つけると「完全に間違っている（ganz falsch）」と酷評した。パウリと対等につき合えたのは、学生時代から交友のあったハイゼンベルクくらいである。ディラックとパウリがもう少し――まともな人間であったらとは言わないが――自分たちの研究内容について宣伝してくれていたら、量子場の理論はもっとポピュラーになっていたかもしれない。

第8章　くりこみの処方箋――朝永・シュウィンガー・ファインマン

前章で見たように、電子と光に関する量子場理論である量子電磁気学は、1929年にハイゼンベルクとパウリによって形式が完成された。しかし、この理論は、見事な形式美を備えてはいるものの、実用的には、全くと言って良いほど使い物にならなかった。摂動論の1次の補正だけを考えている限り、一応は、測定データと比較できるような予測値が与えられる。だが、摂動論の2次の補正まで取り入れると、とたんに**計算結果が無限大になってしまう**のである。(1)

摂動論とは、段階的に精度を上げていく計算手法である。一般に、1次の補正だけでは近似の精度は低く、2次、3次と補正の次数を上げていくことによって、より正確な結果が得られるようになる。ところが、量子電磁気学の計算では、2次の補正で計算が破綻してしまう。これでは、理論そのものが信頼できないと見られても仕方ない。量子場の理論は、誕生直後から、ほとんど致命的とも思える困難を抱え込んでいたのである。

この困難を解決するには、物理学がかつて経験したことのないほど複雑にして膨大な計算を必要とした。ド・ブロイが1924年に物質波のアイデアを提案してから、この波動を量子論的に扱う量子場の形式が与えられるまで、わずか6年――疾風怒濤の6年！――しか掛からなかった。しかし、この形式を測定データと比較できる実用的な理論にするためには、第二次世界大戦を挟んで実に20年もの歳月を要することになる。こうした努力の末に作り上げられたのが、量子場理論で実用的な計算を可能にする**くりこみの処方箋**である。

無限大の困難

量子場の理論を用いて摂動論の2次の補正を計算しようとしてもうまくいかないことは、ハイゼンベルクとパウリの論文で「相対論的な波動方程式の原理的な困難」として指摘されていた。しかし、1929年の時点で、彼らはまだ楽観的であり、こうした困難は「理論をさまざまな問題に適用する妨げとなるものではない」と述べていた。この論文で扱われた応用例は、いずれも摂動論の1次の補正だけで意味のある結果が得られるものばかりであり、2次の補正から始まる無限大の困難は表立っていない。こうした当初の成功が、形式の些細な変更で無限大を除去できるという楽観的な見通しを生み出したようだ。

無限大の困難は、電子が自分自身と相互作用するようなケースで現れる。電子が1個の光子を放出することを考えよう。この光子が別の電子に吸収されるならば、何の問題も起きない。しかし、その光子を放出した元の電子に再び吸収される過程について計算しようとすると、とたんにいろいろなトラブルが発生してくる。例えば、こうした過程が生じることで電子が持つエネルギーを計算すると、その値は無限大になってしまう。

ある電子が放出した光子を再び自分で吸収するという過程は、その電子が作り出した電磁場から自分自身が作用を受けることに相当する。実は、これと同じ問題は19世紀のマクスウェル電磁気学にも存在していた。

第2章でボーアの原子模型について説明した際に述べたように、原子核から距離rだけ離れた地点に電子が存在するとき、位置エネルギーの大きさは$1/r$に比例する値になる。これは、ある電荷が作り出す電磁ポテンシャルの強さが距離に反比例することの結果である。それでは、自分が作る電磁ポテンシャルを〝感じる〟ことができるならば、位置エネルギーはどうなるのだろうか？　このときのrは自分自身までの距離なので、素朴に考えれば$r=0$と置かざるを得ない。とすると、マクスウェル電磁気学でも、自分が作り出した電磁ポテンシャルから作用を受けるとき、電子が持つエネルギーは無限大になってしまう。

ただし、マクスウェル電磁気学の場合には、簡単な逃げ道がある。「電荷は自分の作る電磁ポテンシャルから作用を受けない」と仮定すれば良いのだ。電荷の担い手が大きさのない粒子だけしかない場合、この変更は、いくつかの定義式を少し書き換えるだけで済む[2]。マクスウェル電磁気学の範囲では、電子が放出する光は光速で遠ざかっていくため、電子そのものに大きさがない限り、自分自身との相互作用をわざわざ考える必要はないのである。

しかし、量子場の理論ではそうはいかない。電子は無限に小さな粒子ではなく、位置の確定しない波動なので、放出された光が〝自分から光速で遠ざかる〟とは言えないのだ。また、電磁ポテンシャルに「この電子が作ったポテンシャル」と「あの電子が作ったポテンシャル」という区別があるわけではない。自分が作り出した電磁ポテンシャルだけを特別扱いすることはできないのだから、当然、そこから作用を受けることもあり得るはずだ。

摂動論を用いて計算すると、この「自己相互作用」の寄与は、光子が放出されてから再吸収されるまでの時間が短くなるほど大きくなり、放出された瞬間に吸収されるという極限では無限大になる。

ハイゼンベルクとパウリは、当初、理論形式を少し変更するだけで、この無限大を除けるのではないかと考えていたようだ。例えば、理論の定義の中に電子の場ψの積がいくつも出てくるが、電子の場はq数なので、積の順番を変えると振舞いが大幅に変わってくる。この性質を使って、うまく無限大の困難が回避できるのではないかと期待した時期もあった。しかし、間もなく彼らは、自分たちがとてつもない難問に直面していることに気づいたのである。

第7章で説明したように、量子場の理論では、電子の場を「空間に存在する無数のバネ」としてイメージすることができる。図15ではバネが離れて存在するかのように描いたが、実際には、無限に小さいバネがぎっしりと稠密に存在していると考えるべきである。同じように、光の場も稠密な振動体でできている。振動するものが稠密に存在している以上、電子の場の振動が近接する光の場を揺り動かし、その直後に、再び光の場の振動が電子の場に作用を及ぼす可能性を排除することはできない。積の順番を変えるといった小手先の対応では、無限大の困難の解決にはならないのである。

1930年の論文で、ハイゼンベルクは、電子の場が結晶のような構造をしていれば無限大が生じないことを示した。鉱物の結晶では、原子が間隔を置いて規則正しく配列しており、それぞれの原子がその場で振動することで熱や音を伝えている。それと同じように、電子や光の場も、稠密ではなく振動体が格子状に並んだものだとすると、光子が放出されてから再吸収されるまでに少なくとも格子の間隔を移動するだけの時間が掛かるので、計算結果に無限大が現れることはない。しかし、格子状の場が現実的なものだとは考えにくい。鉱物結晶では、結晶軸の方向とそれに対して斜めの方向で振動の伝わり方に違いがある。もし光の場が格子状であるならば、結晶の場合と同様に光線の方向によって光速が変化することになってしまう。これは、どの方向でも光速は一定だという観測事実と一致しない。

観測事実と一致させるためには、物理現象が稠密な振動体である場によって生み出されていると考えるのが自然である。だが、この考えを採用する限り、無限大の困難からは逃れられない。

ここから、物理学者たちの苦闘が始まった。ハイゼンベルクや（ハイゼンベルクの助手だった）ワイスコップは、膨大な計算式で埋め尽くされた論文を次々と執筆した。ディラックも、電子の無限大のエネルギーが電子の海が持つ負のエネルギーによって相殺されるのではないかという（現在からすると基本的な誤解に基づく）方針の下で延々と計算を繰り返していた。正直な話、彼らの論文は、今となっては式をフォローすることすら容易でない。

一人パウリだけは、泰然としているように見えた。彼は、膨大な計算の嵐に巻き込まれることなく、理論の形式的な整備を進めていた。もっとも、それは心穏やかになされたものとは思えない。その時点で計算が未完に終わらざるを得ないことを見通していたパウリは、不完全な論文を執筆することを潔しとせず、敢えて理論形式を洗練させる道を選んだのだろう。

ともあれ、ハイゼンベルク、ワイスコップ、ディラック、そして（形式面に偏っていたが）パウリという4人の俊才の超人的な努力にもかかわらず、無限大の困難は解決されず、量子場の理論は、形式は美しいものの現実にはそぐわない机上の空論であるかのごとき様相を呈し始めていた。

原子核物理学の興隆

量子電磁気学の研究が手詰まりになる一方で、物理学者の関心を引きつける新たな事態が進行しつつあった。原子核についての知見が急速に増大してきたのである。

1932年、ジェームズ・チャドウィック（1891〜1974）が、原子核内部に、後に中性子と呼ばれることになる電気的に中性の粒子が存在することを発見した。中性子の発見以前には、原子核は複数の陽子と電子が固く結合したものだと推定されていた。だが、質量の小さい電子は不確定性原理によって原子核と合体できないはずであり、なぜ一部の電子が原子核の中に入り込めるかは謎だった。このため、ボーアのように、原子核内部の現象には量子論は通用しないと考える物理学者もいた。しかし、原子核が電子に比べて遥かに重い陽子と中性子だけで構成されているならば、不確定性原理とは矛盾せず、その振舞いを量子論によって説明することも可能になる。

こうした見通しの上に、陽子や中性子に関する量子場の理論が提案され始める。その最初のものは、1932年のハイゼンベルクによる陽子・中性子間の引力に関する理論である。この理論は、推測ばかりでまるで要領を得ない内容のものだったが、これを1つのきっかけとして、エンリコ・フェルミ（1901〜54）のβ崩壊の理論（1934）、湯川秀樹の中間子論（1935）などが登場する（フェルミと湯川の理論は、終章で取り上げる）。

もっとも、これらの新理論は、量子電磁気学に比べて、遥かに未熟な段階に留まっていた。フェルミの理論は、観測されている現象を摂動論の1次の補正だけで説明しようとするものである。より高い次数の補正を計算すると、量子電磁気学よりもずっとたちの悪い無限大が現れてくる。また、湯川の理論は、ほとんど定性的なもので、具体的な計算を行っても測定データと比較できるような答えはあまり出てこない。原子核の分野に量子場のアイデアが応用できる可能性は示唆されたものの、そこまで理論が深化していなかったのである。

そもそも、原子核の研究においては、量子場の理論を使う必要性がなかった。陽子と中性子の相互作用に関していくつかの仮定を置きさえすれば、原子核の性質の大半は、シュレディンガーの波動方程式だけで説明が付いてしまうのである。しかも、数学的に難解な量子電磁気学と異なって、原子核の現象は直観的に理解しやすい。原子核にα粒子や中性子をぶつけると、いったんエネルギーの高い状態になった後、何らかの形でエネルギーを放出して安定な状態に変化する。そのプロセスは、複雑な数式を使わなくてもイメージできる。半経験的な理論でもかなり役に立つことがわかってきた。例えば、高温になった原子核の表面から粒子が〝蒸発〟するというアイデアを使って、エネルギーの高い状態がどのくらい持続するかを推定することができた。

量子電磁気学の研究には、数学に強いごく一部の人しか参入できなかったが、原子核の分野では、基礎的な知識さえあれば首を突っ込めた。少し工夫をした実験を行うと、直ちに新しい現象が観察され、それについて簡単な考察を行うだけで、いっぱしの論文が書ける。理論でも実験でも、面白いように成果が上がった。1930年代半ばには、原子核変換についての研究で、ヨーロッパやアメリカの学界は異様な盛り上がりを見せていた。原子核は、物理学者のおもちゃになったのである。

そうした中で、物理学者たちはある可能性に気づき始める。原子核の内側には巨大なエネルギーが秘められており、何らかの方法でこれを解放すれば、途轍もない破壊力を持つ爆弾が作れるということに…。

戦争の時代

そして、戦争の時代に突入する。

この時期は、物理学にとっても暗黒時代である。第一次大戦でドイツの化学者が開発した毒ガス兵器が絶大な効果を上げて以来、科学と戦争は切っても切れない関係にあった。第二次大戦の際は、原子爆弾とレーダーの開発のために物理学者が動員され、自由な研究が困難な状況が生まれた。アメリカで理論物理学のリーダーだったオッペンハイマーは、原子爆弾開発を目的とするマンハッタン計画の中心人物となった。数学的な理論が専門だったディラックですら、大戦中は、祖国イギリスのために、核兵器開発を目標とするウラン濃縮の研究に携わった。

一方、ナチスによるユダヤ人排斥も、科学者社会に深刻な打撃を与えた。自身がユダヤ人であったり係累にユダヤ人がいたりした科学者たちの多くが、大陸からの脱出を余儀なくされた。これまで本書に登場した物理学者では、アインシュタイン、ボーア、ボルン、パウリ、ウィグナー、ワイスコップ、フェルミ、それ以外の大物では、ベーテ、テラー、シラード、ノイマンらが脱出組に含まれる。量子論研究の中心地は、ボーアのいたコペンハーゲンとボルンのいたゲッチンゲンだったが、どちらもその中心人物を失い、ヨーロッパの学界は急に寂しくなった。

特に、かつて行列力学を作り上げたゲッチンゲン・グループの３人が辿った道は、運命的だった。

１９３３年にナチスによって教授職を剝奪されたボルンは、イギリスに渡って市民権を獲得し、以後20年間をその地で暮らす。彼自身は根っからの平和主義者で軍事研究には協力しなかったが、彼が指導した学生（オッペンハイマーとワイスコップ）や助手（フェルミ、テラー、ウィグナー）がマンハッタン計画に参加して原爆開発に当たったことに心を痛め、１９５５年には、核兵器廃絶を訴えるラッセル＝アインシュタイン宣言に署名した11名の一人となった。

これと対照的だったのがコルダンである。寡黙で人付き合いが苦手な秀才と思われていた彼は、なぜかナチスの思想に共鳴し、１９３３年に入党して突撃隊のメンバーとなる。１９３９年からは、ミサイル開発の本拠地だったペーネミュンデで新兵器の研究を行った。終戦によっていったんは失職、パウリの推薦で研究職にありつけたものの、国粋主義的な発言が多く煙たがられた。20世紀の物理学に偉大な足跡を残しながら業績が過小評価されているのは、その政治的言動ゆえだろう。

ハイゼンベルクは、さらに大きな運命の波に弄ばれることになる。彼自身はナチス党員ではなかったものの、ドイツに残った数少ないトップクラスの理論物理学者として、核兵器開発をも視野に入れた核エネルギー解放の研究を指導する立場に立たされたのである。ウランの原子核が分裂して内部に秘められていた膨大な核エネルギーを外部に解放することは1938年に発見されたが、ハイゼンベルクは、カイザー・ヴィルヘルム研究所で、この核分裂が連鎖的に持続するための条件を調べていた。ただし、連合国側にとって幸運にも、同じ研究所で実験を行っていたワルサー・ボーテ(1891〜1957)が誤ったデータを報告したことが一因となってドイツの核開発は遅滞をきたし、結局、大戦終結までに核兵器も原子炉も完成させられなかった。

ドイツの核開発においてハイゼンベルクがどのような役割を果たしたかについては、今なおつまびらかでないが、興味深いエピソードがある。1941年9月、ナチスの占領下のコペンハーゲンで、ハイゼンベルクは恩師ボーアを訪問する。二人は数回対面し、少なくとも1回は内密に語り合った。戦後、ハイゼンベルクは、このときの会談について、ナチスは原爆開発が可能な状況にあること、自分は何とかしてサボタージュするつもりであることを密かに知らせようとしたが、盗聴を恐れて婉曲な表現をしたためボーアが誤解してうまく伝わらなかったと書いている。一方、ボーアが残した未発送の手紙によると、ハイゼンベルクは、ナチスが核兵器開発中であることを強く印象づけたものの、その開発を食い止めようとしている素振りは全く見せなかったらしい。ボーアの言葉を信じるならば、ハイゼンベルクは、ナチス協力者と原爆開発の失敗者という二重の汚名をそそごうとして、「ボーアの誤解」という作り話を編み出したとも考えられる。

もっとも、ボーアが実際に誤解していた可能性もある。アメリカでボーアと接触したハンス・ベーテ(1906〜2005)の記憶によると、コペンハーゲンでの会談で、ハイゼンベルクは主に原子炉の開発について話をしたらしい。このとき、ハイゼンベルクは原子炉の構造をスケッチしてチラッと見せたのだが、応用分野に疎いボーアは、その設計図を原爆のものと勘違いしたというのだ。ハイゼンベルクがナチス政権下で何を行っていたのかは、いまだ歴史の闇に埋もれている。

戦争の終結とアカデミックな科学の再興

第二次世界大戦は１９４５年に連合国側の勝利で幕を下ろすが、物理学界が戦前の活気を取り戻すには、なお少し時間が掛かった。１９３０年前後に量子論を発展させていた物理学者たちは、すでに研究者としての絶頂期を過ぎ、軍事研究の非情さに疲弊した者も少なくなかった。戦争によるブランクがなければワイスコップやオッペンハイマーが遂行していたであろう量子場を巡る研究は、１９３０年代後半から停滞したままだった。やり残された研究が完遂されるには、新しい世代の登場が必要だった。

歴史の皮肉と言うべきか、新しい世代は、太平洋を挟んだ戦勝国と敗戦国でほぼ同時に登場する。

ファシズムを逃れて多くの科学者が渡米したため、１９３０年代後半以降、アメリカはドイツを凌駕するほどの科学力を備えていた。そうした中で、戦争の終結とともに、マンハッタン計画に（本人は〝下っ端〟と言っているが、おそらくは計算部門の主要メンバーとして）参加したリチャード・ファインマン（１９１８〜８８）と、レーダーの開発に携わっていたジュリアン・シュウィンガー（1918〜94）が、アカデミックな研究に復帰してくる。コーネル大学の教授になったファインマンは、量子力学に基づく核反応の研究で知られるドイツからの亡命物理学者ベーテが同僚にいたこともあって、この分野への関心を深め、独自の斬新な計算手法を編み出しつつあった。また、戦前にオッペンハイマーの下で研究した経験のあるシュウィンガーは、終戦後に着任したハーバード大学で、ヨーロッパ流の厳格な手法に基づく量子場の計算を開始した。

一方、欧米から孤立していたはずの日本にも、優れた研究者が育っていた。1937年からの3年間、日独交換留学生の第1号としてハイゼンベルクの下で研鑽を積んだ朝永振一郎は、1942年に早くも量子電磁気学の研究に着手していた。戦況の悪化に伴って理論的研究はいったん中断、強力なマイクロ波を照射して敵機を撃墜するという物騒な兵器の開発を任されたこともあったが、戦争が終わると、在職する東京文理科大学（現在の筑波大学）を拠点に若手の研究者を集めて本格的な研究を再開した。

日米3グループの研究成果は、1948年前後に次々と発表された。その模様を、当時コーネル大学にいたフリーマン・ダイソン（1923〜）が自伝『宇宙をかき乱すべきか』の中で回想している。1948年春にシェルター島で開催された理論物理学の会合で、まずシュウィンガーが何時間も掛けて、量子電磁気学に関する膨大な計算結果を発表し、オッペンハイマーに賞賛された。続いて発表することになったファインマンは、自分が開発した手法を使えば遥かに簡単に同じ結論が導けることを示そうとするが、肝心の計算手法をあらかじめ論文で発表していなかったために誰にも理解されず、逆にオッペンハイマーやボーアに厳しく批判された。これには、陽気なことで知られるさしものファインマンも落ち込んだようだ。

さらに話は続く。この会合から戻ったオッペンハイマーの下に、日本から小包が届けられていたのだ。その中には、戦時中に日本語で執筆された論文の英訳をはじめ、1946〜47年に朝永が発表した論文を掲載した学術誌が入っていた。これらを読む機会を得たダイソンは、朝永の理論が、シュウィンガーと同じアイデアを簡潔かつ明瞭に示したものであることを理解する。ダイソンは、「東京の灰と瓦礫の中に座しつつ、あの感動的な小包を送ってきた」朝永に思いを馳せ、「それは、深淵からの声としてわれわれに届いた」と述べた。

同じ年の10月にダイソンは、朝永、シュウィンガー、ファインマンの理論が実質的に同等であることを示す論文を執筆し、その中で、「ファインマンの業績はその簡単さと応用の容易さで、朝永とシュウィンガーの業績は一般性と理論的完全性の点で優れている」と評した。さらに、脚注では、朝永と共同研究者による重要な論文の多くが1946年末までに執筆されていたことを指摘し、「これら日本人研究者の孤立は理論物理学にとって疑いもなく深刻な損失だった」と記している。

くりこみ理論

朝永＝シュウィンガー＝ファインマンの理論は、こんにちでは「くりこみ理論」として知られている。ここに、量子場の理論における無限大の困難を克服する方法が開発されたのである。この業績によって、彼らは1965年のノーベル物理学賞を分かち合った。

くりこみ理論のルーツは、34人の研究の十数年前に遡る。1934年にディラックは、電子の海に充満する負エネルギーが摂動論の計算に現れる無限大を打ち消し、観測可能な量は有限になるという理論を発表した。この論文を読んだハイゼンベルクは、電子の海という考えに対して疑問を呈した上で、たとえ無限大を打ち消すメカニズムが明らかでないとしても、実験のデータと比較できる部分に無限大が現れなければ、困難は実質的に克服されたことになると主張した。彼は、行列力学の創建当時から、原子内部における電子の軌道といった観測不可能な対象を理論の最終的な記述から排除しようと努めてきた。それと同じ方法論がここにも使えると考えたのである。二人の論文はいずれも看過しがたい誤りを含んでおり、完全とは言いかねるものの、一つの方向性を示していた。

ディラックやハイゼンベルクのアイデアが正しいとすると、計算の途中に現れる無限大は、最終的には、有限な値を持つ観測可能な量に全て吸収させることができ、外からは見えなくなってしまうはずである。このように、**有限な値の中に無限大の寄与が吸収されてしまうことを、朝永は「くりこまれる」と表現した。**もっとも、この段階では、まだ「くりこみ」の手法は思いつきの域を出ていない。実際に無限大の困難が克服できると主張するためには、計算に現れる全ての無限大が観測可能な量にくりこまれることを示さなければならない。

1930年代半ばまでに見つかった無限大は、電子の質量に吸収させられるタイプのものだったが、1936年にワイスコップが質量にくりこむことのできないタイプの無限大を発見する。これは、光子が伝わっていく途中で電子と陽電子のペアを生成し、その直後に同じペアが消滅して光子に変わるという過程で生じるもので、彼は、この無限大が、電子の電荷に吸収させられる可能性を指摘した。しかし、すでにヨーロッパにはファシズムの暗雲がたれ込めており、研究を継続できる状況にはなかった。ワイスコップは、翌年、ボーアの援助を得てアメリカに渡り、原子核の研究に専念、数年後には、ウィグナーやベーテら多くのヨーロッパ出身の物理学者とともに、マンハッタン計画に協力する。アメリカでシドニー・ダンコフ（1914〜51）など少数の物理学者が量子電磁気学の理論的研究を続けるが、学会での交流も乏しく、華々しい成果は生まれなかった（ダンコフはくりこみ理論完成の一歩手前まで到達していたのだが、計算にミスがあって全ての無限大をくりこむことができなかった）。

戦争によるブランクの後、新しい世代の物理学者が目標としたのが、ワイスコップらが戦前にやり残した研究を完遂することである。量子電磁気学の計算をさらに進めていくと、さまざまなタイプの無限大が現れることが予想された。しかし、朝永とシュウィンガーは、膨大な計算の末に、全ての無限大が質量と電荷にくりこめることを示したのである。計算を行うための基本的な枠組みを作ったのは朝永の方が早く、計算が完了したことを伝える速報がそれぞれ日米の学術誌に受理されたのは、奇しくも同じ1947年12月30日だった（朝永の計算には、光子が質量を持つことになるというミスがあったが）。ファインマンは、論文の発表こそ大きく後れを取ったが、斬新な計算手法によってきわめて見通しの良い理論を作ることができた(3)。

3人の論文は、三者三様の個性が反映されていて面白い。朝永の論文は、一点もゆるがせにしない厳格なロジックを端正な論法の中に積み重ねていくものである。シュウィンガーは膨大な数式——1つの論文に300以上の式が並んだこともある——を次々と繰り出し、正に「計算の鬼」といった趣だ。一方、ファインマンは、数学的な厳密性は後回しにして、直観的でわかりやすい議論を展開している。

こんにち、標準的な計算手法となっているのは、ファインマンが開発したものである。例えば、電子と光子が衝突して跳ね返るという現象がどの程度の頻度で起きるかを計算する際に、朝永やシュウィンガーの手法では、「電子が光子を放出した後で飛来した光子を吸収する過程」と、「光子が電子と陽電子のペアを生成し、この陽電子が飛来した電子とペアで消滅して光子になる過程」を区別しなければならない。しかし、ファインマンは、陽電子を「時間を逆行する電子」と見なせば(「時間を逆行する」とは単なる数学上の表現であって、深い哲学的な意味はない)、この2つの過程を1つの簡単な式にまとめられることを示した(図16参照)。ファインマンの手法を使えば、数式による計算を行わず、図形を見ながらさまざまな過程を統合して簡略化できるため、計算に要する手間が大幅に削減される。こうして、量子電磁気学は、「計算の鬼」でなくとも「一流大学のトップクラスの秀才」ならば誰でも計算できる程度にまで易しくなった。

くりこみ理論の試金石となったのが、電子の異常磁気能率と呼ばれる量である。第6章で述べたように、電子は小さな磁石のように振舞う。磁石の強さはディラックの理論によってほぼ決まるが、実際には、電子の自己相互作用の結果として、ディラック理論からわずかなずれが生じる。このずれを異常磁気能率という。シュウィンガーは、無限大を処理する手法の目処がついた1947年秋、異常磁気能率の計算に着手した。この計算はきわめて膨大なもので、計算ノートは数

図16 ファインマンによる計算の簡略化

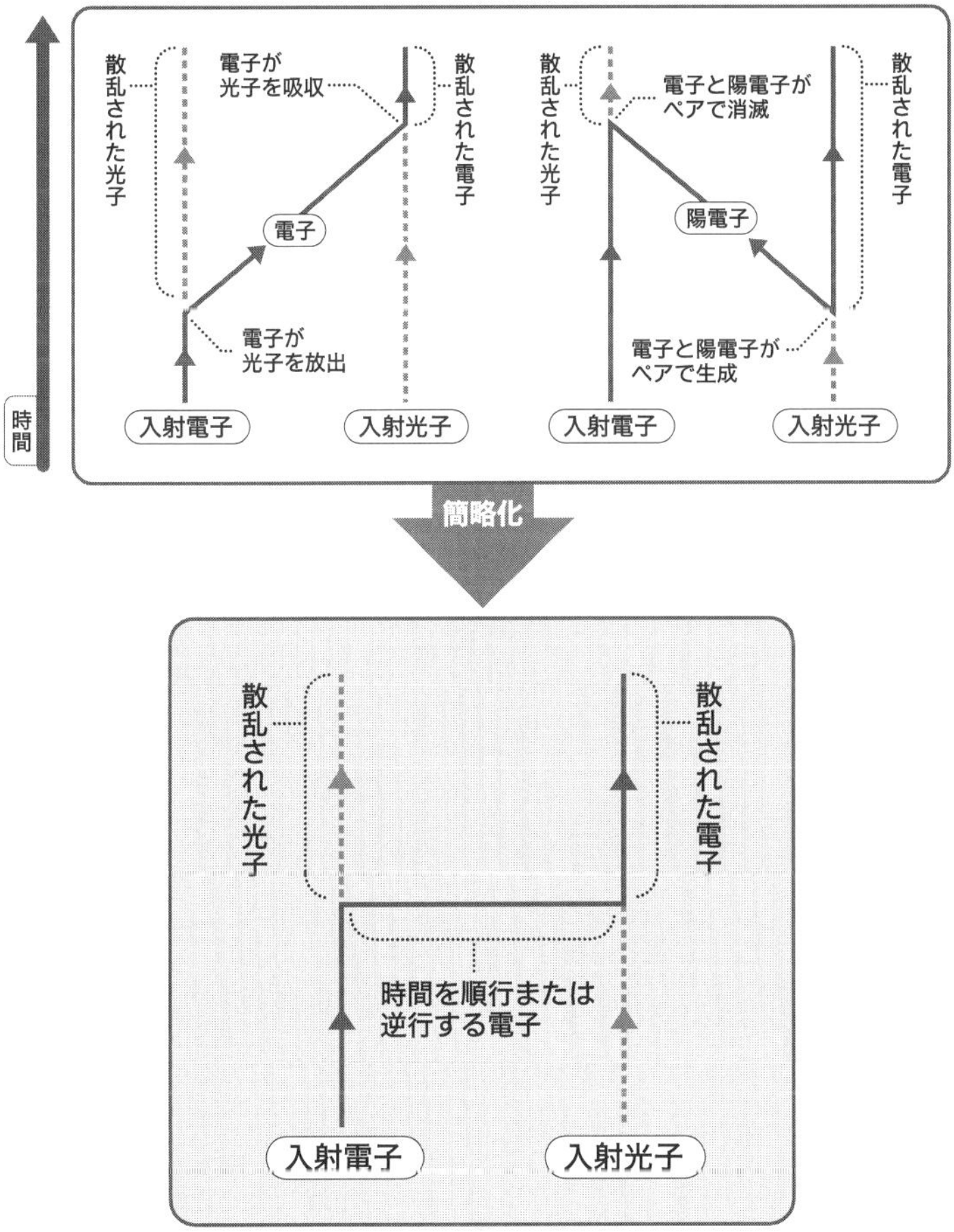

百ページに及んだとも言われるが、最終的に、異常磁気能率の値（ディラックの理論値に対する比）が、０・００１１６２になるという結果を得た。一方、実験によって求められていた値は、０・００１２６±０・０００１９であり、理論との一致はかなり良い。こうして、くりこみ理論が単に無限大を処理するだけではなく、観測可能な量に関して正確な予測値を与えることが確認された。

シュウィンガーが行った計算は摂動論の２次の補正だが、昨年（２００７年）には、日本の研究チームがコンピュータを使って摂動論の８次の補正までの計算を行い、１兆分の１の精度で理論的な予測値を求めることに成功した。実験でも異常磁気能率の精密測定が行われており、理論と実験による２つの数値は、ほぼ完全に調和している(4)。これほどの精度での理論と実験の一致は、他に類例を見ない。

くりこみ理論の正しさを実証するもう１つのモデルケースが、ラムシフトと呼ばれる現象である。ラムシフトとは、原子のエネルギー準位が、ディラック方程式を用いた計算値からずれるという現象で、１９４７年４月にコロンビア大学のラムと助手のレザフォードによって発見され、６月に開催された物理学の会合で大きな話題となった。彼らのデータによると、ディラック方程式では差がないはずの水素原子のエネルギーの間に、振動数の単位で表すと約１０００メガヘルツの差があるという（後に行われた正確な実験では１０５７メガヘルツ）。会合から帰る道すがら、ベーテは、１９３０年代に開発された近似法を用いていち早く計算を行い、この差が１０４０メガヘルツになるという結果を得た。

ベーテの成功に刺激を受けたシュウィンガーは、ラムシフトの計算にもチャレンジし、1947年末までに大まかな答えを手にした。一方、アメリカの学界と接点のなかった朝永は、ラムシフト発見の報を10月になってから『タイム』という一般人向け雑誌の科学コラムで知り、若手研究者と協力して計算に着手、1948年に測定値と一致する値を導いた。ラムシフトの計算が正しく行えたことは、朝永の業績があまり知られていなかった欧米の学界に強い印象を与え、後のノーベル賞受賞につながる。

日米の物理学者による膨大な計算の末に、役立たずだった量子場の理論は、遂に、現実に何が起きるかを正確に予測できる精密科学に変貌したのである。

ちなみに、欧米では、シュウィンガーに従って「くりこみ」のことをrenormalization（再規格化）と呼んでいる。あらかじめ理論に含まれていた質量や電荷の値を、実験のデータに基づいて定義し直すという意味である。ファインマンは、当初は単にmodification（変更）と言っていたが、後にシュウィンガーに倣った。朝永は、英語の論文ではamalgamation（アマルガム化）という言い回しを用い、無限大の寄与を有限な観測値の中に溶け込ませてしまうイメージを強調した。言葉のセンスは、どうやら朝永がいちばんのようだ。

くりこみの意味

朝永＝シュウィンガー＝ファインマンが作り上げたくりこみ理論とは、**計算の途中で現れる無限大をシステマティックに取り除いていく手法**であって、無限大がどこにも現れないような健全な理論ができたわけではない。計算の途中で無限大が現れるたびに、その寄与を電荷や質量に押しつけていき、最終的に、計算に現れた無限大を含んでいるはずの電荷や質量を、測定された有限の値に置き換えてしまうというものである。それだけ見ると、何かごまかされたような印象を受けるだろう。くりこみは「理論」というよりも、無限大の困難を回避する方法を記した「処方箋」と言った方が良いかもしれない。

くりこみ理論に対して批判的な物理学者も少なくなかった。その一人がディラックである。彼は、電子の海が持つ負のエネルギーのように、無限大を打ち消す具体的な何かを示せない限り、量子電磁気学は満足のいく理論ではないという態度を崩さなかった。ディラックのような原理的な批判ではないが、くりこみの持つある種の危うさについては、理論の建設者たちも語っている。朝永は、くりこみは「理論的に決定できない値」を「実験でわかっている値」で入れ替える作業だとして、試験で答えられないときにやるカンニングになぞらえた。また、ファインマンはくりこみを〝shell game〟と呼んだ。〝shell game〟とは、3個のクルミの殻の1つに豆を隠し、素早く入れ替えた後、どれに豆があるかを客に当てさせて金をやり取りするゲームのことで、実際には奇術のテクニックを使ったいかさまである。たいへんな言われようだ。

確かに、朝永らが論文を執筆した段階で、くりこみは、摂動論の計算に現れる無限大を質量や電荷の中に隠してしまう一種のごまかしだったかもしれない。しかし、物理学者たちは、その後もくりこみ理論の改良を続け、１９６０年代になって、ようやくごまかしではないくりこみ理論を完成したのである。

理論的な説明は難しくなるので、直観的なイメージを使って話を進めよう。電子の状態は、空間の中に稠密に存在する無限に小さな量子論的バネによって表される。仮に、このバネの動きを全て映し出す超高性能モニターがあるとすれば、瞬間的な過程——例えば、あるバネが光の場を揺さぶった直後に揺り返しを受ける過程——まで見えるはずである。しかし、実際に行われる実験で、そんな一瞬の過程を観測することはできない。人間が観測するのは、もっと茫洋とした全体的な振舞いだけである。言うなれば、実際の現象は解像度の低いモニターでしか見ることができないのだ。このような解像度の低いモニターを使うと、無限小のバネが瞬間的に行う相互作用はぼやけて見えなくなってしまい、さまざまな過程を全てひっくるめた結果として場全体が示す振舞いだけが映し出される。この全体的な振舞いが、観測される現象に相当する。

それでは、摂動論の計算に現れる無限大が全て電荷と質量にくりこまれるという性質は、モニターの比喩では、どのように言い表されるのだろうか？　実は、この性質は、低解像度から高解像度へと徐々に解像度を上げていったとき、映し出される物理法則の形式は変わらず、ただ電荷と質量の値だけが変化することを意味する。**顕微鏡で生物を観察するときには、解像度を上げていくと、それまで見られなかった新しい構造**（細胞など）**が見えてくるが、量子電磁気学ではそうはならない。解像度をいくら上げても、量子電磁気学という形式は変わらないのである。**例えば、相互作用の形は、どんな解像度でも第7章の式③のままであり、Aが2つになったりする——つまり、1回の相互作用で光子が2個放出される過程が現れたりする——ことはない。ただ電荷と質量の値が少しずつ変わっていくだけである。特に、解像度を無限大にまでレベルアップすると、理論の形式は変わらずに電荷と質量だけが発散する。

朝永らは、くりこまれていない〝裸の〟量子電磁気学を使って計算を行い、異常磁気能率やラムシフトの測定を実際に行ったとき、どのような結果が得られるかを求めた。モニターのイメージで説明するならば、この作業は、計算に必要な過程を無限大の解像度を持つ超高性能モニターに映し出し、それを元にして、実際の現象が低解像度のモニターでどう見えるかを調べるようなものである。しかし、ここでわざわざ無限大の解像度を持つ超高性能モニターを持ち出す必要があるのだろうか？　どうせ低解像度モニターでの映り具合を調べるだけなのだから、無限大ではなくほどほどの解像度を持つモニターを使ってもかまわないはずである。

解像度を上げたときに物理法則の形式が変わらないという性質があるため、有限の解像度を持つモニターに映し出される過程を使って低解像度のモニターで何が見えるかを計算することは、原理的に可能である（実際にはきわめて難しい計算になるが）。こうした手法を用いることで、現代的なくりこみ理論には、厄介な無限大がいっさい現れなくなっている(5)。物理学者を長い間苦しめてきた無限大の困難は、事実上解決されたのである。この「有限くりこみ」のテクニックは、1960〜70年代に多くの物理学者によって練り上げられた。代表的な研究者は、くりこみ理論の改良を含む業績で1982年にノーベル物理学賞を受賞したケネス・ウィルソン（1936〜）である。

もっとも、これで全てが解決したわけではない。確かに、実際に観測される現象についての計算には無限大は現れなくなった。しかし、何が起きているかを完全に明らかにしようと無限大の解像度を持つモニターを使うならば、やはり無限大が出てきてしまうのである。これは、ミクロの極限で量子電磁気学が破綻することを意味する。量子電磁気学は、美しい形式を持ち、電子と光子に関する観測可能な現象をほぼ完璧に予測できるが、それでも究極的な理論ではあり得ないのだ。

終章　標準模型――20世紀物理学の到達点

量子場の理論を電磁気以外にも適用しようとする試みは1930年代に始まるが、肝心の量子電磁気学が無限大の困難に突き当たっていたため、とても学界の主流とは言えなかった。1940年代末にくりこみの処方箋が与えられ、机上の空論かとも思われていた量子電磁気学が実効性のある理論へと変貌を遂げると、好意的な見方も少しずつ増えてはきた。だが、1950～60年代には、無限大を強引に処理するくりこみの処方箋への不信感が払拭できなかったこともあり、いまだ量子場に対して疑いの眼差しを向ける人も多かった。当時、量子場の理論は最先端からはずれたマイナーなジャンルであり、その研究者は、あまり注目されない論文を細々と発表し続けるしかなかった。しかし、1970年代に入ると状況は一変する。それまでの地道な研究が実り、量子場の手法によって従来の理論では説明できなかった現象に理解の光を当てることが可能になったのである。さらに、この理論から予想される新しい現象が相次いで検証され、その正当性は否定しようがなくなる。こうして、量子場の概念に基づく包括的な理論の枠組み――いわゆる標準模型――が、物理学界で広く受容されるに至った。標準模型は、21世紀初頭の現在でも圧倒的な成功を収めており、20世紀物理学の1つの到達点となっている。

量子場の計算を行う際に一般に利用されるのが、ディラックが開発した摂動論の手法である。

摂動論では、量子場同士の相互作用は小さな補正になると仮定し、まず、それぞれの量子場だけ（正確に言えば、その中でも波動の伝播に関与する項だけ）が存在する場合を考える。このとき、**量子場を伝わる波動は、電子や光子と同じようにエネルギーがとびとびの値となって、あたかも空間を飛び回る粒子のように振舞う。量子場理論が広く認められる以前から、こうした粒子は「素粒子（elementary particle）」と呼ばれてきた。**このため、量子場について研究する分野は、慣習的に「素粒子論」と呼ばれている。ただし、これは、必ずしも実態を正確に表す用語ではない。**素粒子はビリヤード球のような粒子ではなく、あくまで量子場が粒子のように振舞っているものであることを忘れないでいただきたい。**素粒子の種類ごとに量子場が存在しており、この場があらゆる地点で量子論的にゆらいでいる結果として、エネルギーがとびとびの値になる。こうした**とびとびのエネルギーの1つのまとまりが、素粒子**なのである。

本書の結びに当たって、素粒子論がどのようにして形成され、現在、どの方向に進もうとしているかを概観したい。

ハイゼンベルクの原子核模型

１９３２年以前に知られていた素粒子には、電子と光子の他に陽子があった。ディラックは、この世界に存在するのは電子と光子だけだと考え、「陽子は電子の海に生じた空孔だ」と想像を逞しくしたが、結局、この想像は夢物語に終わり、陽子についての量子場理論を構築する必要に迫られていた。

それまでに行われていた実験から、陽子は、質量が電子の１８００倍もあるものの、電荷の大きさが電子と同じく電気素量eに等しいことをはじめ、いくつかの点で電子と共通した性質を示すことがわかっていた。このため、電子の場と同じようにして陽子の理論を定式化できるという期待もあった。しかし、陽子を含む量子場の理論を構築することは、この時点では困難を極めた。

陽子の理論が難しかった理由の１つは、陽子がどのような相互作用をしているのか全くわからなかったためである。中性子が発見される以前、原子核は、陽子と電子が結合したものと考えられていた。この考えに従えば、重水素の原子核は、2個の陽子と1個の電子から構成されるはずである。ところが、同じく2個の陽子と1個の電子が電気的な引力で結びついてできた水素分子イオンと比べると、重水素の原子核は10万分の1の大きさしかなく、強い力で緊密に結合していることがわかる。この強い力が何なのか、手がかりはほとんどなかった。

さらに、ある種の原子核は、内部から巨大なエネルギーを持つ電子を放出し、別の原子核に変わることが知られていた。この現象は原子核のβ崩壊と呼ばれ、原子核内部で電子がエネルギーを獲得した結果だと推測されていたが、そのメカニズムは全く不明だった。

これらの難問を解く糸口になったのが、１９３２年の中性子の発見である。この発見によって、原子核は、重い陽子と軽い電子ではなく、ほぼ同じ質量の陽子と中性子から成り立っていることが判明した。したがって、陽子と中性子の間に未知の強い引力（核力）が働くと仮定すれば、原子核が小さく固まっている謎を解き明かせそうである。

核力の問題に最初に挑戦したのは、ハイゼンベルクである。１９３２年の論文で、彼は、陽子と中性子が電子を介して相互作用を行うというアイデアを発表した。もっとも、この論文では、相互作用の形が具体的に提案されたわけではない。陽子と中性子が並んで置かれていると、その間に負の電荷が交換されることで引力が生じるといった内容が、言葉で説明されているだけである。しかも、交換される負の電荷の正体に関しては「電子をイメージすると直観的にわかりやすい」と記しながら、陽子と中性子の間の引力を「電子の運動に還元しない方がより正確だろう」と、奥歯に物のはさまったような言い方をしている。

せっかちなハイゼンベルクは思いつきを煮詰めないまますぐに発表する癖があるが、この論文もその例に漏れない。いろいろなアイデアが羅列されているだけで、さっぱり要領を得ないのだ。しかし、その混乱ぶりがかえって他の研究者たちを刺激した。この論文を読んだ何人かの研究者（その中にはフェルミや湯川が含まれる）は、ハイゼンベルクが言わんとすることを具体的な理論にまとめる方法を考え始めた。

ハイゼンベルクは明確に書いていないが、彼の主張には、きわめて重要な洞察が含まれていた。**素粒子は姿を変えることがある**という点だ。電子は光を放出ないし吸収しても電子のままである。しかし、ハイゼンベルクの主張をナイーブに解釈すれば、中性子は電子を放出して陽子に変わり、陽子は電子を吸収して中性子に変わることになる。こうした変転が核力の源泉になるというのだ。

ただし、量子場を使ってハイゼンベルクのアイデアを定式化しようとすると、致命的な欠陥があらわになる。それまでに行われていた実験の結果から、陽子、中性子、電子のいずれもが、4つの成分を持つψで表されることがわかっていた[1]。陽子と電子が中性子に変わるという過程が実

図17　ハイゼンベルクと湯川の理論

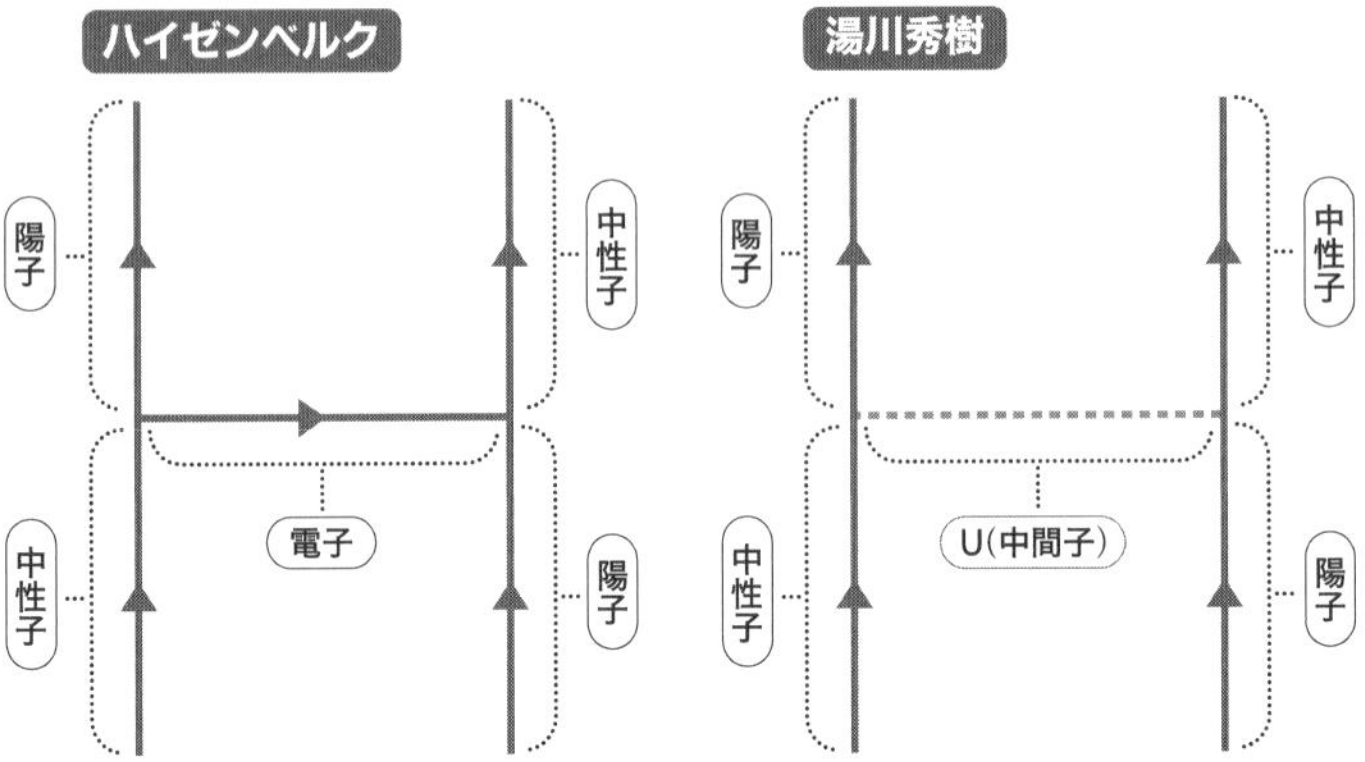

際に起きるためには、それぞれ陽子と電子の場を表す2つのψを組み合わせて、中性子の場を表すψを作ることが必要である。ところが、成分の数が合わないのだ。4成分を持つ2つのψを組み合わせて1成分にすることはできる（例えば、第7章の式③のように4行4列のγ行列を間に挟んで行列の積を作れば良い）。しかし、4成分を持つ2つのψから1つのψを作ることは、テトリスのL字ブロック2個からL字を作るのと同じように、不可能なのである。ハイゼンベルク自身、こうした問題に気がついており、原子核の中で電子はなぜか1成分しかない素粒子として振舞うといった無理のあるアイデアを模索していた。

　成分数が適切かどうかは、第8章で紹介したファインマンの図形的な手法で調べることができる。この手法では、4成分を持つψは矢印を付けた実線で表される。成分数が適切なときには、実線が途中でとぎれたり、1本の線が2本に枝分かれしたりすることはない。ところが、陽子が電子を吸収して中性子に変わるというハイゼンベルクの仮説では、陽子・中性子・電子を表す3本の実線が1点に集まってくるので、とぎれや枝分かれなしに図を描くことはできないのだ（図17）。

湯川の中間子論

ハイゼンベルクのアイデアを発展させて、成分数が適切な核力の理論を作ったのは、湯川秀樹である。1933年に大阪帝国大学講師となった湯川は、京大在学中から勉強していた量子場の理論を使って、ハイゼンベルクの原子核模型を改良する方法を考察した。

すでに見たように、もし陽子と中性子がやりとりしているのが電子だとすると、成分数が合わない。そこで湯川は、1935年の論文で、やりとりされるのが電子のような4成分のψではなく、Uという1成分の場で記述される未発見の素粒子だとする理論を展開した。彼は、Uには正の電荷を持つU^+と負の電荷を持つU^-の2種類があると仮定した（後に、電荷を持たないU^0も存在することが判明する(2)）。この理論によれば、陽子はU^+を放出するかU^-を吸収すると中性子に変わり、中性子はU^-を放出するかU^+を吸収すると陽子に変わる。この相互の変転を通じて、陽子と中性子の間に核力が生まれる。

湯川は、U場によってもたらされる引力の作用範囲が原子核の大きさと同程度だとすると、$U^\pm$の質量が電子の約200倍、陽子の約10分の1という「中間的な」値になることを示した。このことから、$U^\pm$は後に中間子（meson）と呼ばれるようになる。また、エネルギー保存則によって中間子が原子核の内部に閉じ込められており、それ以前に発見されていなくても不思議ではないことも指摘した。

湯川の1935年の論文は、中間子が「宇宙線によって生成される粒子シャワー（入射した高エネルギー素粒子が大気と反応して新たな素粒子が次々と作られていったもの）に何らかの形で関与するかもしれない」と結ばれている。その予言通り、湯川が提唱した中間子とおぼしき粒子を、1936年に、陽電子の発見で有名なアンダーソンが宇宙線による粒子シャワーの中に見いだした。しかし、1940年代になると、この粒子の示す性質が湯川の理論と相違することが明らかになり、中間子論は深刻な危機に見舞われる。湯川は、量子場理論に抜本的な変更が必要だと考えて苦悶するが、1947年になって、中間的な質量を持つ粒子が2種類存在することが判明し、中間子論は救われた。湯川が提唱したものはπ中間子、アンダーソンが発見したものはμ中間子と名付けられたが、その後、後者は中間子とは別の素粒子グループに属すことが明らかになり、単にμ粒子と呼ばれるようになる。

湯川は、中間子論の業績が評価されて、1949年に日本人として初めてノーベル物理学賞を受賞した。この受賞は、混乱した戦後日本社会に一筋の光明を与えるものとなった。

β崩壊の理論

核力とともに物理学者を悩ませていたβ崩壊についても、中間子論の前年に、フェルミによって量子場を用いた定式化が行われた。

β崩壊は、原子核の内部から高エネルギーの電子が放出される現象である。中性子の発見以前には、この現象は、原子核の中にもともと存在する電子が外部に飛び出す過程だと考えられていたが、2つの不可解な点が指摘されていた。第1に、核内の電子がどのようにして巨大なエネルギーを獲得するのかわからない。第2に、崩壊する前後で原子核のエネルギーが定まっている場合でも、電子が持つエネルギーは一定にならず、エネルギー保存則が破れているようにしか見えない。

2番目の問題点に関して、ボーアは、原子核内部の現象にはエネルギー保存則が適用できないのではないかという（型にはまった思考パターンに異議を唱えるのが好きな彼らしい）提案をした。このドラスティックでやや行き過ぎ気味の主張に比べて、より穏健なアイデアを示したのがパウリである。彼は、1930年にガイガーとマイトナーに宛てた手紙で、電荷を持たず質量がきわめて小さいために観測にかからない粒子がエネルギーを持ち去っているのではないかと述べた（1930年12月4日付け書簡）。さらに、1933年のソルベイ会議では、この「見えない粒子」が、電子や陽子と同じく4成分のψで記述できると発表した。

パウリが「見えない粒子」について最初に提案したときには、原子核内部に電子が存在することを念頭に置いていたが、1932年に中性子が発見されたことにより、状況は大きく変わる。中性子が電子を放出して陽子に変わるというハイゼンベルクの仮説を受け容れるならば、β崩壊によって原子核から飛び出してくる電子は、もともと原子核の中に存在していたものではなく、核内の中性子が放出したものである可能性が出てきたのである。

こうしたアイデアを総合して、1934年にβ崩壊についての定量的な理論を作り上げたのが、

図18　フェルミによるβ崩壊の理論

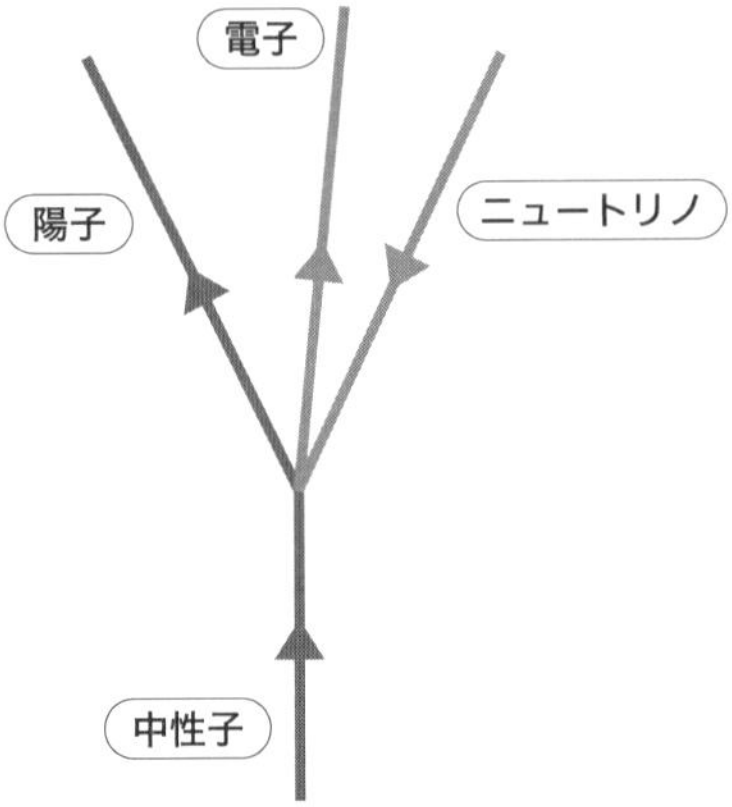

若くしてローマ大学の物理学教授に就任していたフェルミである。彼は、パウリが提案した「見えない粒子」をニュートリノ（neutrino）と命名した。イタリア語では、語尾に-inoを付けると「小さい」という意味になるので、小さな中性の粒子というぴったりの名前だった。

　フェルミの理論によれば、中性子は、電子と反ニュートリノを放出して陽子に変わる。ただし、反ニュートリノとは、ニュートリノの反粒子のことである。陽電子が時間を逆行する電子として表された（図16）のと同じように、ファインマンによる図形的手法では、反ニュートリノは時間を逆行するニュートリノとなる。このため、中性子が電子と反ニュートリノのペアを放出して陽子に変わる過程では、ニュートリノの矢印が図18のように時間の向きと逆に表される。ハイゼンベルクの理論とは異なり、中性子から陽子へ、ニュートリノから電子へと実線が1本につながっているので、成分数のバランスが取れていることがわかる。ニュートリノは観測にかかりにくいため、その存在が実験で確認されるのは1953年になってからだが、フェルミの理論はβ崩壊で放出された電子が持つエネルギーの分布を見事に再現できたため、ニュートリノが見つからなくても学界で支持を集めるに至った[3]。

量子場理論の困難とその克服

フェルミと湯川の貢献によって、**量子場の手法は、電磁気的現象だけではなく、あらゆる相互作用に対しても有効ではないか**との見方が浮上する。しかし、その一方で、量子場理論には原理的な限界があると考える人も依然として多かった。フェルミと湯川の理論には、「くりこみの処方箋に基づいて摂動論の計算を行う」という量子電磁気学で通用した手法が使えないからである。

中間子論に摂動論の計算手法が使えないことは、湯川の論文に興味を持って独自の計算を開始したハイゼンベルクによって早くから指摘されていた。1937年に日独交換留学生としてハイゼンベルク門下に入った朝永振一郎も、中間子の性質を量子場理論で計算しようとしてうまくいかなかったと述べている。原因は、相互作用が強すぎるためである。摂動論とは、相互作用が弱いことを前提として、まず、相互作用のない場合で計算を行い、次いで、相互作用の効果を段階的に取り入れていくものである。ところが、中間子は陽子や中性子と強く相互作用するため、この手法が利用できない。摂動論が使えるならば、量子場の波動は空間を飛び回る粒子のように振舞うが、原子核内部の中間子には、この見方が適用できないのである。まるで激しく沸き立つ水のように、中間子の場は総体として複雑な振動をする状態になっている。原子核の外に置かれたときに限って、中間子は粒子的に振舞うことができる。

フェルミの理論は、中間子論よりもさらにたちが悪い。4つの粒子が1点で相互作用すると仮定した結果、摂動論で計算しようとしても、くりこみの処方箋では処理しきれないような無限大が次から次へと現れてしまうのである。

このような困難がある上に、くりこみの処方箋そのものに対しても懐疑的な見方が根強かったため、1950年代から60年代に掛けて、量子場の理論は、ややもすれば役に立たない旧弊なものと見られがちだった。当時の流行は、ミクロの極限で何が起きているかを考えず、素粒子反応の始まりと終わりの状態を結びつける関数の性質を数学的に調べるというものだった。こうした状況は、60年代の終わり頃まで続く。しかし、流行遅れと見られた量子場理論の研究を地道に続けていた学究の徒の努力が実り、**60年代末から70年代初頭に掛けて、ほとんど一気呵成にあらゆる問題が解決され、摂動論とくりこみの処方箋を元にした量子場理論の有効性が確認される。**こうして作り上げられるのが、**ヤン=ミルズ理論に基づく素粒子の標準模型**である。

ヤン=ミルズ理論

ヤン=ミルズ理論の元になるアイデアは、ハイゼンベルクの原子核模型の論文の中に含まれていた。

ハイゼンベルクは、陽子と中性子の相互作用を簡潔に表記するために、パウリがスピンを扱った手法を参考にして式を立てた。パウリによるスピンの理論は、電子の磁石がどちら向きになるかを表す2つのスピン状態を縦に並べ、行列を使って電磁場との相互作用を表したものである。これをそっくり真似して、ハイゼンベルクは、陽子と中性子を表す波動関数を縦に並べ、行列を使って核力による相互作用を表した。

自分の採用した表記の持つ意味をハイゼンベルクがどこまで自覚していたかは、はっきりしない。単に、得意な行列表現を使って式を簡潔に表しただけとも思える。だが、この表記を額面通り受け取るならば、その物理学的な含意は深甚である。パウリが縦に並べた2つのスピン状態が、電子という1つの素粒子が取り得る2つの状態であるのと同じように、ハイゼンベルクが縦に並べた陽子と中性子の波動関数は、1つの素粒子が取り得る2つの状態を表すことになる。陽子と中性子が互いに相手に姿を変えることができるのは、もともと同じ素粒子だからというわけだ。

ハイゼンベルクの論文には曖昧な説明しかなかったが、1937年になって、ウィグナーが「陽子と中性子は同じ素粒子の2つの状態だ」と明確に主張した。彼は、この2つの状態をスピンになぞらえて、同位体スピン（isotopic spin）と名付けたが、どうも勘違いをしていたらしい。陽子と中性子は同位体（isotope）ではなく同重体（isobar）の関係にあるからだ。現在では、ウィグナーの命名を部分的に採用して、アイソスピン（isospin）と呼ぶことが多い。

ウィグナーの理論によれば、陽子や中性子という明確なアイデンティティを持った素粒子は存在しない。理論に現れるのは、単一の素粒子の陽子状態と中性子状態だけであり、それぞれの状態は、中間子の放出や吸収を契機として入れ替わる。これまでたびたび利用したバネのイメージを用いると、振動の方向が、陽子に対応する方向と中性子に対応する方向の2つあるということだ。1つの方向にバネが振動しているときに中間子の放出・吸収が起きると、振動方向が切り替えられて別の方向に振動するようになる。陽子と中性子は別物だという観点からすると、この振動方向の変転は、中性子が陽子へ、陽子が中性子へと姿を変えたように見えることになる。

ヤン＝ミルズ理論とは、ウィグナーのアイソスピン理論をさらに拡張し、**素粒子が変転しながら相互作用する過程を量子場概念によって統一的に扱う**ものである。中国出身者として初めてノーベル賞を受賞した楊振寧《ヤンチエンニン》（1922〜）が、1954年にロバート・ミルズ（1927〜99）との共著論文で発表した。

　ウィグナーの考えが正しければ、陽子と中性子は同じ素粒子の異なる状態である。ところが、量子論では、異なる状態が混じり合って新しい状態が生まれることが可能になる。例えば、電子スピンの場合、磁石が上向きの状態と下向きの状態が混じり合って、右向きの状態や左向きの状態が生まれる。アイソスピンがこれと同じ性質を持つならば、陽子と中性子が混じり合った状態が存在するはずである。しかし、現実の世界では、中性子は陽子よりも0・1％ほど重い別の素粒子であり、両者が混じり合うことはない。

　陽子と中性子が混じり合うことはないのだから、アイソスピンとスピンは形式的に似ているだけで実際には全く異質なものだ——というのが凡人の発想である。しかし、楊とミルズは凡人ではなかった。現実がどうであるかはさておき、スピンの場合と同じようにアイソスピンでも2つの状態が混じり合うと仮定し、その結果として何が起きるかを考察したのである。こうした議論を行うに当たって、彼らはアイソスピン状態を表す仮想的な「アイソスピン空間」を想定した。

　バネのイメージを使って説明しよう。もともとのアイソスピンの理論では、バネの振動に陽子方向と中性子方向の2種類があり、2つの振動状態が中間子の放出・吸収を契機に断続的に切り替わるとされていた。これに対して、ヤン＝ミルズ理論では、振動の方向はアイソスピン空間の中で連続的に変化できると仮定される。アイソスピン空間には、陽子方向や中性子方向のような特別な方向はなく、どの方向を見ても同じなのである。このようなアイソスピン空間の等方性は、現在では「ゲージ対称性」と呼ばれている。この等方的な空間の中に、固定端の周りで自由に回転できるバネがあり、ある方向の振動が陽子状態に、そこから180度回転した方向の振動が中性子状態に対応するとイメージすれば良いだろう。こうした回転可能なバネは、陽子方向と中性子方向だけではなく、中間の方向でも振動することが可能である。この中間方向での振動が、陽子と中性子が混じり合った状態を表している。

アイソスピン空間の中で振動の向きが連続的に変わるとすると、この変化の契機になるのは何だろうか？　中間子のような質量を持つ素粒子では、放出・吸収の際のインパクトが大きすぎて連続的な変化にはならない。楊とミルズは、量子場の性質を数学的に調べることにより、振動の向きを変える契機になるのは、中間子とは異なる未知の場との相互作用であることを見いだした。彼らは、この場をb場と名付けたが、ここでは、後の命名法に従ってゲージ場と呼ぶことにしよう。ヤン＝ミルズ理論とは、ゲージ場との相互作用によって、アイソスピン空間内部で連続的な回転が起きるような量子場の理論である。

ヤン＝ミルズ理論の最大の特徴は、端正で美しい形式にある。物理学に美を求める人にとっては、実に魅力的な理論だ。さらに、量子電磁気学と同じく、くりこみの処方箋が適用できる（もっとも、くりこみ可能性の厳密な証明は困難を極め、1970年代初頭になってようやく完成されたのだが）。こうしたメリットはあるものの、ヤン＝ミルズ理論にはどうしようもない欠点があった。そのままでは、現実の世界に対応しているようには見えないのだ。

ヤン＝ミルズ理論が現実的でないと考えられた理由はいくつもある。まず、現実には、陽子と中性子はそれぞれ明確に区別できる粒子で、両者が混じり合うことなどない。そもそも、アイソスピン空間で回転しても差が生じない素粒子がどのようなものとして観測されるのか、見当もつかない。さらに、ゲージ場の振動状態として存在するはずのゲージ粒子は発見されておらず、なぜ発見できないかを説明する根拠もなかった。この理論が発表されてからしばらくの間、数学好きな物理学者によるお遊びにすぎないという見方が学界で大勢を占めたのも当然である。

しかし、ヤン＝ミルズ理論に惹きつけられた一部の物理学者は諦めなかった。1960年代を通じて研究を続け、遂に解決策を見いだしたのである。ここでキーワードとなるのが、「ゲージ対称性の破れ」と「閉じ込め」である。**自然界を記述するヤン＝ミルズ理論には2つの種類があり、一方はゲージ対称性が破れることによって、他方は閉じ込めが起きることによって、非現実的だと見なされる原因となった欠点を回避することに成功した**のだ。

ゲージ対称性の破れ

ゲージ対称性（アイソスピン空間の等方性）があるならば、陽子と中性子は区別できないはずであり、陽子と中性子が混じり合った状態も可能となる。しかし、現実には中性子の方が陽子よりもわずかに重く、両者が混じり合うこともない。これはなぜか？

結論から言うと、もともとの物理法則としてゲージ対称性はあるものの、**われわれが住むこの**

宇宙でゲージ対称性が壊れてしまった結果なのである。例えば、天体の存在しない宇宙空間には上も下も右も左もない。どの方向を向いても全く同じである。ところが、天体の表面では上と下の間に歴然とした差異が生じる。これは、天体が存在することによって、「どの方向を向いても同じ」という性質が失われたことを意味する。

ゲージ対称性に関しても同様である。物理法則そのものにはゲージ対称性がある。しかし、ビッグバンによってこの宇宙が誕生し、最初の高温・高圧状態から冷えていく過程で、ヤン＝ミルズ理論の中に現れるヒッグス場と呼ばれる量子場が、宇宙全体にわたって凝結してしまったのである。ヒッグス場も、アイソスピン空間のいろいろな方向に振動することが可能なものだったが、凝結するときに、特定の方向を向いた状態で固まってしまった。つまり、われわれが真空だと思っているものは、実は、ヒッグス場がある方向への偏りを持ったまま凝結した状態なのである。多くの素粒子は、このヒッグス場から作用を受けながら運動しているが、ヒッグス場が特定の方向を向いて固まっているため、その影響を受けて、これと相互作用する場も振動方向が偏ってしまう。ちょうど天体表面で上下がはっきり異なるように、ヒッグス場が凝結した結果として陽子方向と中性子方向の振動に差が出てしまい、両者が混じり合うこともなくなったのである。

ゲージ対称性が破れたヤン＝ミルズ理論は、β崩壊に関与している。フェルミは、中性子が電子と反ニュートリノのペアを放出して陽子に変化すると考えたが、ヤン＝ミルズ理論による説明では、中性子がゲージ粒子の一種であるW粒子を放出して陽子に変わり、W粒子が電子と反ニュートリノに崩壊するとされる。W粒子は、真空に瀰漫しているヒッグス場に引きずられるせいで質量が非常に大きくなり、放出されたとたんに壊れてしまうため、1983年になるまで観測できなかった。対称性の破れたヤン＝ミルズ理論によってβ崩壊を説明する理論は、1968年に複数の物理学者によってほぼ同時に提案された。

ゲージ粒子の閉じ込め

ゲージ対称性が破れていない場合、ゲージ場の相互作用は狭い範囲に閉じ込められてしまって、外部からは観測できなくなる。陽子・中性子・中間子は、実は素粒子ではなく、ゲージ場の相互作用が閉じ込められた領域なのである。

陽子や中性子に内部構造があるという仮説は古くからあるが、こんにち受け容れられているのは、1964年にマレー・ゲルマン（1929〜）が提唱したものである。彼は、陽子や中性子が3個の粒子が結合した複合状態だと主張し、この仮想的な粒子を、ジョイスの難解な小説『フィネガンズ・ウェイク』の一節〝Three Quarks for Muster Mark〟をもとにクォーク（quark）と命名した。このクォーク仮説によれば、湯川の中間子も、クォークと反クォークの結合した複合粒子となる。ゲルマンは、さらに、クォーク同士の相互作用が（ゲージ対称性の破れていない）ヤン＝ミルズ理論に従っているという予想も発表した。

ゲルマンの予想は、1970年代の初頭にヤン＝ミルズ理論における相互作用の特徴が明らかになるにつれて、信憑性の高い理論へと変わっていった。重力にせよクーロン力にせよ、通常の力は、近いところで強く、遠ざかるとともに弱くなっていく。ところが、ヤン＝ミルズ理論で記述される相互作用には、近いところで弱く、遠ざかると強くなるという奇妙な性質がある。このため、それぞれのクォークは、距離が離れるほど強度を増していくゲージ場に周囲を覆われるようになる。しかし、3つのクォーク（あるいはクォーク・反クォークのペア）が集まると、うまい具合にゲージ場の相互作用が打ち消しあって力は弱まる。[4] その結果、3つのクォークが、まるでゲージ場が作る繭玉の中に閉じ込められたような状態になるのだ。この繭玉が陽子や中性子（クォークと反クォークの場合は中間子）の正体である。クォークやゲージ粒子は、この繭玉の外には飛び出せない。クォーク自身は、ヤン＝ミルズ理論に従って変転し続ける奇妙な存在だが、それを直接観測することはできないというわけだ。

ただし、直接観測できないからと言って、クォークがヤン＝ミルズ理論に従っていることが確認できないわけではない。陽子や中性子に高エネルギーの電子をぶつけ、それがどのように壊れるかをヤン＝ミルズ理論によって予測することが可能だからである。陽子や中性子が壊れても、単独のクォークが外に飛び出すことはなく、新たに陽子・中性子・中間子などが作り出される。こうして生成される粒子群がどのような分布になるかは、ヤン＝ミルズ理論に基づいて予測することができる（ただし、全て理論的に計算することは困難であり、半経験的な手法を援用する必要がある）。これまでのところ、ヤン＝ミルズ理論に基づく予測は測定データとほぼ一致しており、理論の正当性が実証されている。

素粒子の標準模型

こんにち、重力作用以外のほとんどの物理現象は、ヤン＝ミルズ理論という量子場理論によって統一的に記述することが可能だと考えられている。この理論に含まれているのは、クォーク場、レプトン場（電子、ニュートリノ、μ粒子などの場）、ヒッグス場、そしてゲージ場である。このうちクォークとレプトンは4成分のψで表され、電子の場合と同じように、粒子の生成消滅には反粒子がペアになることが必要である。この性質のせいでクォークとレプトンは簡単に個数を増減することができないため、いかにも粒子のように振舞って、物質を形作る構成要素となる。

ゲージ場は、大きく2つの種類に分けられる。1つは、クォークとだけ相互作用するもので、ゲージ対称性は破れておらず、クォークと自分自身を繭玉に閉じ込めて外部に出さない。もう1つは、クォーク・レプトン・ヒッグスのいずれとも相互作用するもので、ゲージ対称性が破れているため、閉じ込めは起きない。ゲージ対称性の破れに伴って、ゲージ粒子は、重い粒子（Z粒子・W粒子）と質量のない粒子の2タイプに分かれるが、この質量のないゲージ粒子は、実は光子そのものである。つまり、量子電磁気学は、ゲージ対称性の破れたヤン＝ミルズ理論の中に完全に包含されることになる。

ヤン＝ミルズ理論によって物理現象を統一的に記述するこの枠組みは、素粒子の標準模型と呼ばれる。標準模型は1970年代半ばまでに完成され、充分に満足のいく精度で実験と一致する予測を与える。これまでに、この模型の構築に寄与した理論家と、その検証を行った実験家のあわせて20人以上がノーベル物理学賞を受賞した。まさに、物理学界が持てる力を結集して完成させたものである。

素粒子の標準模型は、20世紀物理学の到達点である。重力が含まれないとは言え、その適用範囲は広い。1000兆分の1メートル以下の極微の現象を解明する一方で、この世界になぜ物質が存在するかという宇宙論的な問いにも答えてくれる。何よりも重要なのは、量子場という単一の基本概念によってあらゆる物理現象を理解できる点である。19世紀の物理学では、**原子論と場の理論を折衷させる形で現象を記述せざるを得なかった。しかし、20世紀後半になって、人類は、ようやく世界を量子場という統一的な視座から眺めることが可能になったのである。**

標準模型が完成の域に達したとき、多くの素粒子論研究者が、これまでにない知の深みに達したことに熱狂し、理論が持つ哲学的含意に息を飲んだ。しかし、この熱狂は、専門家以外にまで伝わらなかった憾みがある。量子場についての基本的な概念が周知されておらず、何が起きているか理解されなかったためである。例えば、1974年11月に、それまで見つかっていた3種類のクォークとは異なる4種類目のクォークが発見されたとき、物理学の世界では11月革命と呼ばれる大きな騒動になった。だが、一般の人は、そのニュースを耳にしても、「新しい元素がまたひとつ発見されたか」といった程度の感想しか抱かなかったろう。実は、この4種類目のクォークは、単にこれまで見つかっていなかった構成要素というだけのものではない。ヤン＝ミルズ理論が正しければ必ず存在すべきものだったのだ。それが発見されたことで、あらゆる物理現象が量子場の理論によって統一的に記述されることが確実視されるようになったのである。

量子場理論の世界像

量子場による統一的な記述の完成は、世界の見方を静かに変革した。現代物理学は、多くの人が知らない間に、従来とは全く異なる世界像を作り上げていたのである。

量子場の概念が登場する以前、原子とは、何もない空間の内部を動き回る小さな粒子状のものとして捉えられていた。物質がこうした原子から構成されているとすると、物質が示す複雑さは全て、単純な構成要素の複雑な組み合わせとして生み出されることになる。こうした複雑さは、組み合わされている個々の要素に分解することが可能である。これは、世界の複雑さが単純な要素に還元可能であることを意味する。

現在でも、一般の人は、19世紀的な原子論とそれほど変わらない世界像を持っているだろう。陽子や中性子を知っている人は少なくないはずだし、科学に関心のある人ならクォークという言葉を聞いたことがあるかもしれない。だが、一般的な理解では、これらはあくまで空間の中を動き回る小さな粒子であり、互いに力を及ぼしながらくっついて物質を構成することになる。こうしたメカニカル（機械的）な世界像には、空間を満たしている場がダイナミックに波動を伝えるというイメージが決定的に欠落している。

量子場の理論は、「空間の中を運動する小さな粒子」という19世紀的な道具立てを必要としない。原子論では原子の存在がそもそもの前提となるが、量子場の理論では、あらゆる物理現象が場から生起する。粒子的な振舞いをする素粒子は、量子場の振動がとびとびのエネルギーを持つことに由来する。

粒子的な振舞いだけではない。量子場の理論は、空虚な空間すら前提としていない。量子場は、近接する場のつながり（バネのイメージを使うならば、無数のバネが連結しているという状況）によって空間的な拡がりをも作り出している。あらゆる物理現象が全て量子場の振動を通じて生起すると考えられるのだから、「まず空虚な空間が存在し、その中に量子場がある」という言い方は無意味なまでに冗長である。「量子場がある」と言うだけで、空間的な拡がりが内包されているのだ。**ニュートン力学では別個の概念として扱われていた空間―時間―物質―力が、量子場という1つの概念に集約される**と言っても良い。もっとも、空間と時間を量子場と一体にするためには、空間・時間のダイナミックな変動を扱う一般相対論を量子場の枠組みに取り入れる必要があるが。

量子場の最大の特徴は、振動が起きるスペースとして、空間や時間とは別の次元を内包している点である。[5] これまでバネのイメージを使って量子場の振動を表してきたが、このバネが振動するのは、われわれが目にしている縦・横・高さを持った3次元空間の内部ではない。それとは別の次元である。

量子場の状態は、量子論的なq数で表される。したがって、量子場が、この振動スペースのどこかで確定した値を持っているわけではない。値が確定しないq数の特性に従って、量子場は振動スペース内部に拡がり、バスタブに入れられた水と同じように、とびとびのパターンを持つ定在波となる。こうしたパターンの離散性が、量子場に粒子的な性格をもたらしている。

このような振動スペースがはたして現実的なものか、それとも、理論の記述に現れるだけの数学的な虚構かは、今の時点では何とも言えない。しかし、仮にこの振動スペースが実際に存在するとなると、世界の見え方は、空虚な空間内部を原子が運動するという19世紀的なものとは全く異なってくる。われわれが3次元の空間と1次元の時間として認識しているものは、実は無数の（ある数え方によれば、1立方センチ当たりに10の100乗、すなわち、1の後に0が100個続くという途方もない数の）次元が集まった超高次元世界である。19世紀的な原子論とは異なり、現象の複雑さは、膨大な次元数を持つ世界のどの部分次元で生起するかに依存する。こうして実現される複雑さは、構成要素の組み合わせに還元することができない。**素粒子論と言うと、世界を単純な要素に還元する理論であるかのように思われがちだが、実は全く逆**なのである。

究極の理論を目指して

素粒子の標準模型は、数学的な美しさを湛え哲学的にも深遠な意味を持つ。だが、残念ながら、これがあらゆる物理現象を解き明かす究極の理論というわけではない。19世紀の終わりには、ニュートン力学とマクスウェル電磁気学によって全てが解明できるのではないかという淡い期待があったが、現代の物理学者は、解決しなければならない課題がなお山積しており、しかも以前にも増して手強いことを心得ている。

標準模型が究極の理論でないことは、いくつかの理由から明らかである。

第1に、この模型には、重力の作用が含まれていない。重力は、単に宇宙論や天文学で重要な役割を果たしているだけではなく、アインシュタインの一般相対論によって時間・空間の構造と密接な関係があることが明らかになっている。量子場が空間や時間に完全に取って代わるためには、重力を含む理論でなければならない。

第2に、くりこみの処方箋を使っている限り、ミクロの極限にまで理論を外挿することができない。第8章の比喩を使えば、物理現象を映し出すモニターの解像度を無限に高くしようとすると、どこかで理論が破綻してしまうのである。

第3に、標準模型には、いくつかの根拠のない仮定が含まれている。例えば、電子とクォークの電荷は、厳密な整数比をなすとされており、ほんのわずかの誤差も許されない。しかし、なぜ整数比になるのか、その理由は全く不明である。

究極の理論は、これらの問題を解決するものでなければならない。候補となる理論はいくつかある。例えば、超ひも理論と呼ばれるものは、先の3つの課題を全て解決できる可能性を秘めている。しかし、この理論が正当だという確証は得られておらず、いまだ広く支持されるには至っていない。

人類は、いつか究極の理論を手にできるのだろうか？　そして、それは量子場理論をも凌駕する深遠で啓示的な世界の真実相を開示してくれるのか？　大学院で専門教育を受けた人しか理解できないほどの量子場理論のわかりにくさ、そして、それを遥かに越える超ひも理論の難解さを考えると、もしかしたら、物理学は、すでに人類の知的能力の限界点に達しつつあるのかもしれない。

しかし、どんなに困難であろうとも、物理学者たちは、究極の理論を求める知的挑戦を止めないだろう。それが、彼らにとって生きる証だからである。

もっと深く知りたい人のための注

序章

（1）気体分子の質量をm、絶対温度（零下273・15℃を絶対零度とする温度目盛り）をTとすると、速度vを持つ分子の割合を表すマクスウェル分布は、

$$f(v) \propto v^2 \exp\left(-mv^2/2kT\right)$$

と表される。ただし、kはボルツマン定数、expは指数関数（ネイピア数eを底とするベキ乗）である。気体分子の運動エネルギーは、$mv^2/2$になるので、指数関数の部分は、エネルギーEを持つ粒子の割合が$\exp\left(-E/kT\right)$になるというボルツマンの一般論と一致している。指数関数の前にv^2が付くのは、速度が3次元空間でいろいろな方向を向くことによる。

（2）1864年の論文ではベクトルによる記法は用いられず、式の形も著しく複雑だった。ベクトルによって電磁場を表す方法は、マクスウェルがハミルトンによる数学テクニックを勉強した1870年に初めて採用されたが、これを用いた理論の展開は、マクスウェルが病に倒れたため中断された。その後、複雑で見通しの悪かった方程式は、ヘルツらによって改良され、4つの式にまとめられる。ここでは、参考のため、真空中に電荷を帯びた多数の粒子が存在する場合のマクスウェル方程式（cgs単位系）を掲げておく。

[1] $\nabla \cdot E = 4\pi\rho$　[2] $\nabla \cdot B = 0$

[3] $c\nabla \times E = -\partial B/\partial t$　[4] $c\nabla \times B = \partial E/\partial t + 4\pi j$

ρは電荷密度、jは電流密度、cは光速、∇は傾きを表すハミルトンの微分演算子である。［1］は電気力線の端が電荷になることを、［2］は磁気力線に端がないことを示している。［4］の右辺第2項は、電流が磁場を作り出すことを意味する。［3］と［4］（右辺第1項）は、それぞれ、時間とともに変動する磁場が電場を、変動する電場が磁場を誘起することを表す。

第1章

（1） 黒体放射のウィーン分布は、

$$f(\nu) \propto \nu^3 \exp(-h\nu/kT)$$

と表される。ただし、νは振動数、Tは絶対温度、kはボルツマン定数、hは後で出てくるプランク定数である。指数関数 exp（…）の前にあるνのベキ乗のうち、2乗は電磁波の進む向きが3次元空間のいろいろな方向になることに由来し、残りの1乗は、ウィーン分布が（マクスウェル分布のような分子数の分布ではなく）エネルギーの分布を表すことによる。ウィーン分布は、マクスウェル分布の式で、気体分子が持つ運動エネルギー $mv^2/2$ を $h\nu$ で置き換えたものになっている。

（2） ここでRと表したのは、振動子1個当たりについて、エントロピーと呼ばれる熱力学的な量sを内部エネルギーUで2階微分した値の符号を変えたものであり、微分方程式の形で表すと、

$$d^2s/dU^2 = -b/U$$

となる。この微分方程式を解いた結果にウィーンの変位則を当てはめると、ウィーン分布が得られる。

（3） プランク分布は、

$$f(\nu) \propto \nu^3/\{\exp(h\nu/kT)-1\}$$

であり、分母の -1 がなければ、（1）のウィーン分布と一致する。この -1 が無視できるのは、指数関数 $\exp(h\nu/kT)$ が1に比べて充分に大きい場合、すなわち、$h\nu \gg kT$ となるような低温・高振動数の領域である。逆に、高温・低振動数の領域になると、プランク分布とウィーン分布は大きく食い違ってくる。

（4）プランク分布は、固有振動数 ν の振動子1個当たりのエントロピーを s、この振動子1個が持つ平均のエネルギーを U とすると、微分方程式

$$d^2s/dU^2 = -b/U\ (1+aU)$$

から導かれる。この方程式を U について積分し、プランク分布の式と一致するように a と b を決めると、

$$S = k\{(f+N)\log(f+N) - f\log f - N\log N\}$$

となる。ただし、S は振動子全体のエントロピー、N は振動子の個数、k はボルツマン定数、log は対数関数で、$NU/h\nu = f$ と置いた。一方、ボルツマンは、エネルギーを各部分に分配するときの「場合の数」W を使うと、エントロピーが $S = k\log W$ という式で表されることを示した。特に、N 個の部分に n 個のエネルギーを分配するケースでは、順列組合せの公式を使って場合の数を求め、これを近似することで、

$$S = k\{(n+N)\log(n+N) - n\log n - N\log N\}$$

という式が得られる。おそらく、プランクは、この2つの式が同じ形をしていることに何かの拍子に気がついて、プランク分布は、N 個の振動子にエネルギー要素を f（$= NU/h\nu$）個だけ分配することに対応すると結論したのだろう。分配されるエネルギー要素は、全エネルギー NU を f で割った値なので、$h\nu$ に等しい。ボルツマンの理論では、最終的に分配されるエネルギーを無限小に等しいと置くこ

とができるが、プランク分布のときにはそうできない。

（5）物質内部の振動子の性質を使って黒体放射の分布法則を説明するというプランクのアイデアは誤っていたが、エネルギー量子という考え方自体は、振動を量子論的に取り扱う際に常に利用できる。例えば、低温における金属結晶の比熱の振舞いは、原子の振動エネルギーが $h\nu$ の整数倍に量子化されるという仮定に基づいて、理論的に導くことができる。この計算は1907年にアインシュタインが行ったが、一部の物理学者は、この論文を読んで、アインシュタインが光量子のアイデアを放棄したと勘違いした。

（6）ウィーン分布に従う電磁波のエントロピー S は、電磁波を閉じ込めている容器の容積を V とすると、定数項を別にして、$S \propto \log V$ になる。アインシュタインは、気体や希薄溶液のように粒子が自由に動き回るシステムのエントロピーが、これと同じ容積依存性を示すことから、電磁波も気体や希薄溶液と同様の粒子集団として振舞うと考えた。

（7）プランクの理論は、まず、物質内部にある振動子のエネルギー分布を求め、そこから放射のエネルギー分布を導くという論法になっていた。その際に、振動子のエネルギー分布と放射のエネルギー分布を結びつける簡単な関係式を利用していたが、この関係式は、振動子が任意のエネルギーを持ち得ることを前提として、マクスウェル電磁気学とニュートン力学から求めたものである。ところが、これを使って実際に計算してみると、測定データとの比較が行われている領域では、振動子の平均エネルギーは $h\nu$ より小さいことがわかる。プランクの量子仮説によれば、振動子は $h\nu$ の整数倍のエネルギーしか持てないのだから、多くの振動子はエネルギーがゼロで、一部の振動子が $h\nu$（または $2h\nu$, $3h\nu$…）というエネルギーを持っていることになる。これは、「振動子が任意のエネルギーを持ち得る」という前提と矛盾する。

第2章

（1）ボーアの論文では、原子核の電荷が電気素量とは異なる値Eとなっていたり、電子の軌道が円ではなく楕円だと仮定されていたりするなど、ここでの議論と若干の異同があるが、本質的な差異ではない（楕円軌道での計算結果は論文に記されておらず、実際に計算したとも思われない）。

（2）エネルギー準位の求め方を簡単に記しておこう。運動方程式①の両辺に$r/2$を掛けると、

$$mv^2/2 = e^2/2r$$

が得られる。これをエネルギーの表式に代入すると、

$$E = mv^2/2 - e^2/r = e^2/2r - e^2/r = -e^2/2r$$

となる。量子条件が満たされている場合は、軌道半径rは、式④から

$$r = n^2h^2/4\pi^2me^2$$

と求められるので、これを代入すれば、式⑥が得られる。

（3）ローゼンフェルト「ボーア原子模型の成立」参照。ローゼンフェルトは、ボーアが調和振動子におけるビリアルの定理を使って演繹的に量子条件の式を得たと推測しているが、水素原子と調和振動子ではビリアルの定理の形が異なるので、この推測には無理がある。

第3章

（1）実際には、ド・ブロイは、電子の運動が物質波の伝わり方によって決まるという発想に基づいて、波長と速度の関係を導いた。まず、物質波の伝わり方として、光学で利用される「フェルマーの原理」が

使えると仮定した。一方、電子の運動は、ニュートンの運動方程式と同等の「モーペルチュイの原理」によって記述される。この2つの原理は、いずれも、「経路に沿ってある量を積分したとき、その積分値が最小になるような経路が実現される」という形式をしている。そこで、波の伝わり方が現実の電子の運動と一致するように、2つの原理の式の間に対応関係がつけられることになる。フェルマーの原理の式には振動数と波長の逆数（波数）が、モーペルチュイの原理の式にはエネルギーと運動量がペアになる形で現れているので、アインシュタインの関係式 $E=h\nu$ を使って2つの式の対応をつけると、電子の運動量と波長の間の関係式が導かれる。

（2） 正確に書けば、$\exp(\pm ia\phi)$ に複素係数を付けた形になるが、本文では、話を簡単にするため実数部だけ書いておいた。

（3） 水素原子に関する波動方程式を厳密に解いた場合、解を分類する整数は、主量子数 n、方位量子数 l、磁気量子数 m の3つになる。エネルギーは、主量子数 n によって $E=-\epsilon/n^2$ と表される。ところが、電子が円運動するというボーアの原子模型に対応する波動関数では、運動の形が大幅に制限され、$l=n-1$、$m=\pm(n-1)$ という関係式が成り立つ。このとき、波動関数の経度依存性は $\exp(\pm i(n-1)\phi)$ となり、エネルギーを決定する量子数が、同時に、経度方向に一周したときに関数形が元に戻ることを保証する役割を果たす。

第4章

（1） 状態 m から n に遷移するときに放出・吸収される電磁波の振動数を $\nu(n,m)$ とし、位置 x をフーリエ展開と同じような手法で振動数成分に分解したものが $x(n,m)$ である。しかし、$\nu(n,m)$ はフーリエ展開の振動数とは異なり、エネルギー準位によって定まる離散的な値に制限されているので、成分分解が可能であるという保証はない。ハイゼンベルクの議論は、１９２４年にボーアらが提唱した仮想振動子（電磁波と相互作用する原子内部の振動子として想定されたもの）の理論に基づいていると思われるが、その点についての説明もなく、ひどくわかりにくい。

（２）正確に言えば、nが大きい領域でこれを連続量と見なし、量子条件の式をnで微分した上で、最終的な式の中でnを整数に戻すというやり方である。

（３）ディラックのブラ＝ケット記法を知っている読者のために式を書いておこう。量子数nの定常状態を$|n\rangle$、位置x状態を$|x\rangle$と表すと、波動関数は$\Psi(x)=\langle x|n\rangle$、行列力学の表現は$x\,(n,m)=\langle n|x|m\rangle$となる。

（４）波動力学にも量子条件が存在するが、それは、あらわな条件式として明示されるのではなく、シュレディンガー方程式の中に隠されている。水素原子に関するシュレディンガー方程式は、第３章の式⑤を少し変形すれば、

$$[E-\{(h/2\pi i)^2\nabla^2/2m-e^2/r\}]\Psi=0$$

となる。左辺の角括弧内は、水素原子におけるエネルギーの関係式 $E-(\mathbf{p}^2/2m-e^2/r)=0$ において、運動量 $\mathbf{p}\,(=m\boldsymbol{v})$ を $(h/2\pi i)\nabla$ で置き換えたものに等しい。１次元の場合、この置き換えは、

$$p \to (h/2\pi i)\,\partial/\partial x$$

となる。この置き換えを量子条件 $px-xp=h/2\pi i$ に当てはめると、

$$\{(h/2\pi i)\partial/\partial x\}x-x\{(h/2\pi i)\partial/\partial x\}=h/2\pi i$$

という恒等的に成り立つ式になる。つまり、波動力学では、「シュレディンガー方程式は運動量を微分

演算子に置き換えた形になっている」ということが量子条件に相当する。

（5）「q数とはヒルベルト空間の演算子のことだ」と考える人がいるかもしれないが、これは必ずしも正しくない。量子力学の定式化には、ヒルベルト空間を利用する方法の他に経路積分法と呼ばれるものがあり、どちらがより根源的な表現かはわからない状況にあるからだ。ヒルベルト空間での定式化を採用すればq数は確かに演算子だが、経路積分法ではq数は積分変数となる。本書では、q数を具体的に定義することは止め、この章の末尾で述べるように、値の確定していない量の表現として扱うことにする。

（6）数学的に厳密な表現は、ある状態での位置と運動量の標準偏差をΔx、Δpとして、

$$\Delta x \Delta p \geqq h/4\pi$$

となる。この関係式は、ディラックの量子条件の平均値（同じ量子力学的な状態を用意して何度も測定を繰り返して得られる値）を計算し、線形代数の分野で有名なシュワルツの不等式を適用すれば導かれる。なお、標準偏差とは、通常は統計的に定義される量で、平均値を〈〉という記号で表すならば、

$$\Delta x = (\langle (x - \langle x \rangle)^2 \rangle)^{1/2}$$

となる。ただし、これらの厳密な式は、ハイゼンベルクの論文が発表された後で数学者のワイルらが見いだしたものである。

第5章

（1）正確に書けば、量子力学の計算で得られる調和振動子のエネルギーは、$E = (n + 1/2)h\nu$ である。この式によれば、振動していない状態を表す $n = 0$ のときにも、調和振動子は $h\nu/2$ という「零点振動のエネルギー」を持つ。ただし、本書で扱っている範囲で零点振動が重要な役割を果たすことはないので、

このエネルギーについては一貫して無視する。

(2) ヨルダンが示したのは、弦の振動におけるエネルギーのゆらぎが、粒子的な項と波動的な項の和になるということである。

(3) 厳密なことを言えば、補正項の寄与が小さなものであるためには、摂動計算の結果が係数の小ささを凌駕するほど大きくないことが必要である。次数が小さいときには、摂動計算に第8章で論じるくりこみの処方箋を適用すると、確かに補正は小さくなることが示されるが、次数が何十にもなると、必ずしも補正項は小さいと言えなくなる。このことが量子場の理論にとって深刻な問題であるかどうかは、必ずしも明らかではない。

(4) 波が伝わる領域が無限に拡がっていて境界がない場合は、フーリエ変換によって要素波（3次元空間を伝わる波では平面波になる）を求めることができる。さらに、電磁波のように波が線形の波動方程式に従う場合は、各要素波は独立な波であるかのように扱える。なお、本文では無視しているが、電磁波の場合には、2種類の偏光状態ごとに要素波を考える必要がある。

(5) 電磁ポテンシャルとは、電位 $\phi(t,x)$ と3成分のベクトル・ポテンシャル $\boldsymbol{A}(t,x)$ を併せた量である。電場$\boldsymbol{E}$と磁場$\boldsymbol{B}$は、次の式で与えられる。

$$\boldsymbol{E}=-(1/c)\partial\boldsymbol{A}/\partial t-\nabla\phi \qquad \boldsymbol{B}=\nabla\times\boldsymbol{A}$$

これを使うと、序章注（2）に記したマクスウェル方程式のうち、［2］と［3］は自動的に満たされ、［1］と［4］からϕと$\boldsymbol{A}$についての式が導かれる。ただし、この式だけからϕと$\boldsymbol{A}$を決定することはできず、不定性が残される。ϕと$\boldsymbol{A}$はいずれも直接的な測定ができない量なので、不定性があっても困ることはないが、実用上の不便さがあるので、通常は何らかの制限を付けて、ϕと$\boldsymbol{A}$の4成分のうちの

2成分だけが物理的に意味のある量だと見なしている。本文では、こうした細かな議論は省略して、この2成分をまとめて $A(t,\boldsymbol{x})$ と表している。

(6) 正確に言えば、$h\nu$ がより小さなエネルギー量子に細分されないためには、光子がエネルギーの小さな光子ないし他の素粒子の集まりに崩壊しないことを保証する条件が必要になる。量子電磁気学では、ゲージ不変性によって光子の崩壊が禁止されている。

第6章

(1) 相対論では、ベクトルが4つの成分を持つことになり、第0成分が時間的な量、第1〜第3成分が空間的な量を表す。相対論的な理論では、方程式が座標変換に対して共変になることを要請され、ベクトルの1つの成分だけが単独で現れることはない。これが、本文で「ペアになる」と表現したことの意味である。

(2) 本文では、「時間に依存しないシュレディンガー方程式」を用いたが、相対論的な方程式を作るためには、「時間に依存するシュレディンガー方程式」を利用しなければならない。後者の方程式は、前者の方程式で、

$$E \to -(h/2\pi i)\,\partial/\partial t$$

という置き換えを行えば得られる。なお、本文中で示した「pを演算子で置き換える」という操作の物理的な意味は、第4章の注(4)で解説している。

(3) ここで示した式は、外部磁場の向きとスピンを定義する向きが同じになることを前提としている。実際には、外部磁場は3次元空間の任意の方向を向くことができるので、図14の式の右辺に現れる2行2

列の行列は、3つの座標軸に対応するために3種類必要になる。この3種類の行列（後にパウリ行列と呼ばれるもの）を$\sigma_x, \sigma_y, \sigma_z$と表すと、外部磁場$\boldsymbol{B} = (B_x, B_y, B_z)$が加わったときに波動方程式に現れる行列は、

$$-\mu(B_x\sigma_x + B_y\sigma_y + B_z\sigma_z)$$

という形になる。磁場とスピンの相互作用を、このようなエレガントな表現にまとめたところに、パウリの真骨頂がある。

（4）ディラックはパウリの理論から学んだだけではなく、実は、パウリのスピン理論を含む包括的な理論を作り上げたのである。本文では、1次元の場合についてディラック方程式を導いているが、実際の運動量は、$\boldsymbol{p} = (p_x, p_y, p_z)$という3次元ベクトルになるので、式④の$p\alpha$は、3つの項の和$p_x\alpha_x + p_y\alpha_y + p_z\alpha_z$に置き換えなければならない。その上で、式⑤と同じような関係式を満たす行列を探し出すことが必要となる。ところが、2行2列の行列を使ったのでは、式⑤と同じような関係式を満たすことはできない。ディラックは、4行4列の行列を使えば、エネルギーを運動量の1次式として表せることを示した。行列が4行4列になるので、波動関数Ψも4成分でなければならない。つまり、2成分のパウリの理論と2成分のディラックの理論が別々に存在するのではなく、4成分のディラックの理論の中にパウリの理論は完全に包含されてしまうのである。パウリは、電子が2つのスピン状態を持つことを実験事実として認め、そこから帰納的にスピンの理論を作り上げたが、ディラックは、「波動方程式は相対論の要請を満たさなければならない」という前提から演繹的に4成分の理論を導き出したことになる。

（5）現在の用語を使うと、nは主量子数であり、$n=1$は1つの$1s$、$n=2$は1つの$2s$と3つの$2p$に分

類される。このほかにスピンの向きによる2つの状態があるため、$n=1$の状態は2つ、$n=2$の状態は8つになる。なお、排他律の論文が発表された時点では電子のスピンは見つかっておらず、パウリは未知の自由度に対応する2つの状態があると仮定していた。

第7章

（1） 量子条件の式をきちんと書くと、次のようになる。

$$\Pi(t,x)\Psi(t,y)-\Psi(t,y)\Pi(t,x)=(h/2\pi i)\delta(x-y)$$

右辺の$\delta(x-y)$はディラックのデルタ関数と呼ばれるもので、

$$\delta(x-y)=0\quad(x\neq y)\qquad\int dx\delta(x-y)=1\quad(\text{積分区間は}x=y\text{を含む})$$

として定義される。デルタ関数は通常の関数ではなく、超関数と呼ばれる特別な存在である。この式をxとyが重なる領域でそれぞれ積分して体積で割れば、本文に記した式になる。本文では、話を簡単にするために単に「平均を取る」と書いたが、通常の平均操作とは、体積での割り算の回数が異なる。なお、量子条件の式の右辺には時刻tが含まれていないので、ちょっと見には相対論の要請を満たしていないように見えるが、1点を除いてゼロになるというデルタ関数の特殊性によって、相対論と矛盾しないことが証明できる。

（2） ヨルダンとクラインの方法では、電子が示す統計的性質を導くことができない（電子はフェルミ統計に従うが、ヨルダンとクラインによる量子条件では、ボース統計に従う粒子状態しか扱えない）。ヨルダン＝ウィグナーの論文はこの問題を解決するもので、電子の場に関する量子条件を、「$px-xp=h/2\pi i$」という形式から「$px+xp=h/2\pi i$」へ変更することが必要だと論じられている。この量子条件は、プランク定数hが無視できるほど小さい場合でもpxとxpが等しくならないという点で、直観に反する。電子が、パウリの排他律のような直観的に理解しがたい法則に従っているのは、この不思議な量子条件に由来する。

（3）第6章で示した1次元のディラック方程式において、場の振動が場所によらないという仮定は、方程式のpをゼロと置くことに相当するので、電子の場をψと表したときの方程式（正エネルギーの成分）は、$E\psi = mc^2\psi$となる。ここで、第6章の注（2）で述べた量子力学の一般論に従って$E \to -(h/2\pi i)\partial/\partial t$という置き換えを行うと、

$$-(h/2\pi i)\partial\psi/\partial t = mc^2\psi$$

となる。時間微分をもう1回繰り返せば、本文で与えた式を得る。

（4）この章の注（1）で説明したように、ヨルダン＝クラインの量子条件には「平均操作」が含まれているので、場のエネルギー準位が直ちにmc^2の整数倍になるとは言えない。電子の場を「規格化」して初めて、電子の個数を決めることができる。

（5）厳密に言うと、ψは単に4つの成分を並べただけではなく、スピノルと呼ばれる量である。場の方程式が、左辺がスピノルで右辺がベクトルといったアンバランスなものにならないためには、相互作用項はスカラーと呼ばれる量になることが必要である。この要請によって相互作用の形式が制限され、その結果として、電子の生成・消滅は必ず陽電子とペアで起きることになる。

（6）量子場の理論は量子力学の上位理論ではあるが、q数を用いるという方法論が共通しているため、多くの性質を量子力学と共有している。例えば、量子場の方程式が解けたとしても、その解は一意的ではなく、さまざまな状態を重ね合わせたものになる。量子力学では、解が重ね合わせの状態になることを

どう解釈すべきかという「解釈問題」の議論が紛糾したが、この問題は、量子場の理論にもそのまま持ち越されている。

第8章

（1）正確に言えば、2次の補正でも、後に述べる自己相互作用など特定の過程に関するもの以外では無限大は生じない。以下の議論では、表現を簡単にするため、無限大を含まないものを1次の補正と呼んでいるが、有限な2次の補正に話を拡張することもできる。

（2）電荷を持つのが静止した粒子だけから成るシステムの場合、電磁ポテンシャルの第0成分がϕとなる地点に電荷qが存在することによる電気的なエネルギーは、$q\phi/2$で与えられる。本文ではきちんと書かなかったが、電荷$+q$の原子核から距離rの地点に電子が存在するときの位置エネルギー$-eq/r$は、原子核が作る電磁ポテンシャルが電子に作用する項と、電子が作る電磁ポテンシャルが原子核に作用する項の和であり、一方だけを考える場合は、係数1/2を付けなければならない。点状の電荷が複数個存在する場合、ある電荷q_iが作る電磁ポテンシャルをϕ_iと書くことにすると、自分自身との相互作用を除いた全エネルギーは、

$$\{\Sigma q_i(\phi-\phi_i)\}/2=\int dx\ (E^2-\Sigma E_i{}^2)/8\pi$$

となる。ただし、Eは全ての電荷が作る電場、E_iは電荷q_iが作る電場で、式変形にはマクスウェル方程式を利用した。電荷が運動する場合は、変化が光速で伝わるリエナール＝ヴィーヒェルトのポテンシャルを使う必要がある。

（3）本文では無限大を質量と電荷にくりこむことが課題であるかのように記したが、実際の計算でたいへ

んだったのは、くりこんだ後の理論が相対論の要請を破っておらず、さらに、マクスウェル電磁気学に存在する「ゲージ不変性」と呼ばれる性質を保っていることの証明だった。朝永は、1943年の超多時間理論によって量子電磁気学が相対論の要請を満たしていることを形式的に示し、1947年末までに無限大が質量と電荷にくりこまれることを実際の計算で明らかにしたが、ゲージ不変性を保つようなくりこみの計算が完遂できず、光子に質量の項が現れてしまった。完全な計算結果を最初に示したのはシュウィンガーで、1948年から49年に掛けて発表された一連の論文で紹介された。ファインマンは、相対論の要請を満たしていることが一目瞭然の計算手法を自分で開発し、1949年にまとめて発表した。

（4） 異常磁気能率の計算では、電子の電荷が測定値から決まる量として残されているので、単純に理論的な予測値と実験で得られたデータを比較することはできない。両者が一致すると仮定して電子の電荷を求め、これが他の実験結果と矛盾しないかを確かめるという方法が採られている。今のところ、量子電磁気学の予測が実験と違背することを示唆するデータはなく、複数の実験結果が1億分の1の誤差範囲内で一致している。

（5） 本文でモニターの解像度と呼んでいる量は、現代的なくりこみ理論における「くりこみのスケール」に相当する。例えば、ミリカンの油滴実験（帯電した油滴を用いて重力と電気力を釣り合わせる実験）によって電子の電荷を決定する場合、電子と電磁場との間でエネルギーのやりとりがない過程を考えているので、くりこみのスケールは、エネルギーの単位でゼロ、距離の単位で無限大になる。ミリカンの油滴実験で定義された電荷には、電子が瞬間的に光子を放出して再吸収する過程などからの寄与が含まれているので、この電荷を使って摂動論の補正を行う場合、こうした過程は計算範囲から除外しなければばならない。有限くりこみの理論とは、電荷や質量の定義に含まれる過程を計算の範囲から除外することによって、摂動計算に無限大が現れないようにする手法である。

終章

（1）素粒子の分類には、スピン量子数（単にスピンと呼ぶこともある）が使われる。電子のように4成分のψで記述される素粒子は、スピン1/2である。1932年の段階で、陽子と中性子は、原子核の統計的な性質を元にスピン1/2であると推定されていた。ちなみに、クォーク・μ粒子・ニュートリノはスピン1/2、π中間子はスピン0、光子・ゲージ粒子はスピン1である。

（2）本文では、陽子と中性子が互いに姿を変えながら核力を及ぼしあうというイメージで説明しているが、実際には、電荷を持たない中間子があるため、核力は、陽子同士、中性子同士の間にも生じる。

（3）本文では述べなかったが、β崩壊についてのフェルミの理論で最も重要なのは、4つのスピン1/2の粒子が相互作用するときの形式に、スカラー型、ベクトル型などの種類があることを正しく指摘した点である。

（4）正確に言えば、ゲージ相互作用が打ち消しあうためには、3つのクォーク（あるいはクォーク・反クォークのペア）がゲージ自由度に関して一重項と呼ばれる状態になっていることが必要である。

（5）量子場理論は経路積分法によって定式化されるのが一般的だが、ここで謂う振動スペースとは、経路積分において変数が積分される範囲を意味している。

参考文献

論文集——分野別（角括弧内は以下で引用する際の略号）

Sources of Quantum Mechanics,［English translation］（ed. by B.L.van der Waerden, Dover, 1968）［SQM］

Selected Papers on Quantum Electrodynamics,（ed. by J.Schwinger, Dover, 1958）［QED］

Early Quantum Electrodynamics: A Source Book,［English translation］（ed. by A.I.Miller, Cambridge, 1994）［EQE］

『新編物理学選集65　量子電磁気学』（日本物理学会、１９７７）［物65］

『新編物理学選集70　ゲージ場の理論』（日本物理学会、１９７９）［物70］

『物理学古典論文叢書（全12巻）』（物理学史研究刊行会編、東海大学出版会、１９６９〜１９７１）『第1巻　熱輻射と量子』［古1］『第2巻　光量子論』［古2］『第3巻　前期量子論』［古3］『第5巻　気体分子運動論』［古5］『第8巻　電子』［古8］『第9巻　原子模型』［古9］『第10巻　原子構造論』［古10］

『世界の名著65　現代の科学Ⅰ』（湯川秀樹・井上健編、中央公論社、１９７３）［現1］

『世界の名著66　現代の科学Ⅱ』（湯川秀樹・井上健編、中央公論社、１９７０）［現2］

論文集——個人別

The Scientific Letters and Papers of James Clerk Maxwell,（ed. by P.M. Harman, Cambridge, 1990-）

The Collected Papers of Albert Einstein,［English translation］（trans. by A. Beck, Princeton, 1987-）

E. Schrödinger, Abhandlungen zur Wellenmechanik,（Barth, 1927）
W. Heisenberg, Gesammelte Werke: Abt. A. Wissenschaftliche Originalarbeiten,（hrsg. von Walter Blum, Springer, 1985）
W. Pauli, Collected Scientific Papers,（ed. by R. Kronig and V.F. Weisskopf, Interscience, 1964）［Pa］
E. Fermi, Collected Papers（Note e memorie),（ed. by E. Segrè, Chicago, 1962）［Fe］
『アインシュタイン選集１』（湯川秀樹監修、共立出版、１９７１）［ア］
『ニールス・ボーア論文集１　因果性と相補性』（山本義隆編訳、岩波文庫、１９９９）［ボ］
『シュレーディンガー選集１　波動力学論文集』（湯川秀樹監修、共立出版、１９７４）［シ］

書簡集

『アインシュタイン・ボルン往復書簡集』（三修社、１９７６）
『アインシュタイン／ゾンマーフェルト往復書簡』（ヘルマン編、法政大学出版局、１９７１）
『波動力学形成史：シュレーディンガーの書簡と小伝』（プルチブラム編、みすず書房、１９８２）
Briefe zur Wellenmechanik,（hrsg. von K. Przibram, Springer, 1963）
W. Pauli, Wissenschaftlicher Briefwechsel mit Bohr, Einstein, Heisenberg, u.a.,（hrsg. von A. Hermann, K.v. Meyenn, V.F. Weisskopf, Springer, 1979-）

量子力学の教科書（科学史的な価値のあるもの）

ディラック『量子力学　原書第３版』（岩波書店、１９５４）

パウリ『量子力学の一般原理』（講談社、1975）
朝永振一郎『量子力学Ⅰ　第2版』（みすず書房、1969）

科学史・科学者の回想記・講演録
J. Mehra and H. Rechenberg, The Historical Development of Quantum Theory, (Springer, 1982-)
ヤンマー『量子力学史1・2』（東京図書、1974）
シュレディンガー『わが世界観』（共立出版、1987）
ハイゼンベルク『部分と全体　私の生涯の偉大な出会いと対話』（みすず書房、1974）
ボルン『私の物理学と主張』（東京図書、1973）
ダイソン『宇宙をかき乱すべきか』（ダイヤモンド社、1982）
朝永振一郎『量子力学と私』（みすず書房、1983）
ノーベル財団『ノーベル賞講演　物理学　1～』（講談社、1978～）

序章
マクスウェル『電気論の初歩　上巻』（シャムハトプレス、2006）「気体の動力学的理論について」［古5］「原子・引力・エーテル」［現1］
トムソン「陰極線」［古8］

第1章
キルヒホッフ「光と熱の放出と吸収の関係について」「熱および光に対する物体の輻射能と吸収能の関係について」［いずれも古1］
ウィーン「黒体輻射と熱理論の第二主則との新しい関係」「黒体の放出スペクトルにおけるエネルギー分布について」［いずれも古1］
レイリー「完全輻射の法則についての注意」［古1］
プランク「輻射熱のエントロピーと温度」「Wienのスペクトル式の1つの改良について」「正常スペクトルにおけるエネルギー分布の法則の理論」「正常スペクトル中のエネルギー分布の法則について」［いずれも古1］
アインシュタイン「光の発生と変脱とに関するひとつの発見法的観点について」「光の発生と光の吸収の理論について」「輻射に関するPlanckの理論と比熱の理論」「輻射の問題の現情について」「輻射の本質と構造に関するわれわれの見解の発展について」「量子論による輻射の放出と吸収」「輻射の量子論」［いずれも古2］
M. Planck : Über die Elementarquanta der Materie und der Elektrizität, (*Annalen der Physik* 4,1901,564-566)
A. Einstein : Über die Gültigkeitsgrenze des Satzes vom thermodynamischen Gleichgewicht und über die Möglichkeit einer neuen Bestimmung der Elementarquanta, (*Annalen der Physik* 22, 1907, 569-572)

第2章
トムソン「原子内の微粒子の数について」［古9］

ガイガー／マースデン「α粒子の拡散反射について」［古9］
ラザフォード「物質によるα粒子とβ粒子の散乱と原子の構造」［古9］
ペラン「原子の核―惑星構造」［古10］
長岡半太郎「線および帯スペクトルと放射能現象を示す粒子（電子）系の運動」［古10］
トムソン「原子の構造について」［古10］
ボーア「原子および分子の構造について　第Ⅰ部」［古10］
ローゼンフェルト「ボーア原子模型の成立」（自然23, 1968, No.4 56-70, No.5 54-67, No.6 68-77）
Niels Bohr, On the Constitution of Atoms and Molecules : papers of 1913 reprinted from the Philosophical magazine with an introduction by L. Rosenfeld, (Benjamin, 1963)

第3章

Louis de Broglie, Recherches sur la théorie des quanta, (*Annales de Physique, dixième série*, 1925, 22-128)
アインシュタイン「一原子理想気体の量子論（第2論文）」［ア］
シュレディンガー「固有値問題としての量子化（第Ⅰ部）～（第Ⅳ部）」「ミクロの力学からマクロの力学への連続的移行」「ハイゼンベルク―ボルン―ヨルダンの量子力学と私の力学との関係について」［いずれもシ］

第4章

ゾンマーフェルト「スペクトル線の量子論」［古3］

ボーア「線スペクトルの量子論について」［古3］「量子仮説と原子理論の最近の発展」［ボ］
ハイゼンベルク「量子論的な運動学および力学の直観的内容について」［現2］
M. Born, Quantum Mechanics,（1924）［SQM］
W. Heisenberg, Quantum-theoretical Re-interpretation of Kinematic and Mechanical Relations,（1925）［SQM］
M. Born and P. Jordan, On Quantum Mechanics,［abridged］（1925）［SQM］
M. Born, W. Heisenberg and P. Jordan, On Quantum Mechanics II,（1926）［SQM］
W. Pauli, On the Hydrogen Spectrum from the Standpoint of the New Quantum Mechanics,（1926）［SQM］
P.A.M. Dirac, The Fundamental Equations of Quantum Mechanics,（1925）［SQM］/ Quantum Mechanics and a Preliminary Investigation of the Hydrogen Atom,（1926）［SQM］
W. Heisenberg, The Physical Principles of the Quantum Theory,［English translation］(Dover, 1930)

第5章

P.A.M. Dirac, The Quantum Theory of the Emission and Absorption of Radiation.（1927）［QED］

第6章

P.A.M. Dirac, The Quantum Theory of the Electron,（*Proceedings of the Royal Society of London* A117, 1928, 610-624）/ A Theory of Electrons and Protons,（*Proceedings of the Royal Society of London* A126, 1930, 360-365）/ Quantised Singularities in the Electromagnetic Field,（*Proceedings of the Royal Society of London* A133, 1931, 60-72）/ Theory of the Positron,（1934）［EQE］

W. Pauli, Zur Quantenmechanik des Magnetischen Electrons,（1927）［Pa］/ Über den Zusammenhang des Abschlusses der Elektronengruppen im Atom mit der Komplexstruktur der Spektren,（1925）［Pa］

第7章

P. Jordan und O.Klein, Zum Mehrkörperproblem der Quantentheorie,（*Zeitschrift für Physik* 45, 1927, 751-765）

P. Jordan und E. Wigner, Über das Paulische Äquivalenzverbot,（1928）［QED］

P. Jordan und W. Pauli, Zur Quantenelektrodynamik Ladungsfreier Felder,（1928）［Pa］

W. Heisenberg und W. Pauli, Zur Quantenelektrodynamik der Wellenfelder,（1929）［Pa］/ Zur Quantenelektrodynamik der Wellenfelder II,（1930）［Pa］

W. Pauli and V.Weisskopf, The Quantization of the Scalar Relativistic Wave Equation,（1934）［EQE］

P.A.M. Dirac, Relativistic Quantum Mechanics,（*Proceedings of the Royal Society of London* A136, 1932, 453-464）

第8章

W. Heisenberg, The Self-energy of the Electron,（1930）［EQE］

P.A.M. Dirac, Discussion of the Infinite Distribution of Electrons in the Theory of Positron,（1934）［EQE］

V. Weisskopf, The Electrodynamics of the Vacuum Based on the Quantum Theory of the Electron,（1936）［EQE］

Z. Koba, T. Tati and S. Tomonaga, On a Relativistically Invariant Formulation of the Quantum Theory of Wave Fields II,（1947）［物65］

S. Tomonaga, On Infinite Field Reactions in Quantum Field Theory,（1948）［QED］

J. Schwinger, On Quantum-Electrodynamics and the Magnetic Moment of the Electron,（1948）［QED］/ Quantum Electrodynamics I. A Covariant Formulation,（1948）［物65］

R.P. Feynmann, The Theory of Positrons,（1949）［QED］/ Space-Time Approach to Quantum Electrodynamics,（1949）［物65］

H.A. Bethe, The Electromagnetic Shift of Energy Levels,（1947）［QED］

終章

W. Heisenberg, Über den Bau der Atomkerne I,（*Zeitschrift für Physik* 77, 1932, 1-11）

H. Yukawa, On the Interaction of Elementary Particles,（*Proceedings of the Physico-Mathematical Society of Japan* 17, 1935, 48-57）

E. Fermi, Tentativo di una teoria dei raggi β,（1934）［Fe］

E. Wigner, On the Consequences of the Symmetry of the Nuclear Hamiltonian on the Spectroscopy of Nuclei,（*Physical Review* 51, 1937, 106-119）

C.N. Yang and R.L. Mills, Conservation of Isotopic Spin and Isotopic Gauge Invariance,（1954）［物70］

宮澤賢治の詩に、「わたくしといふ現象は　仮定された有機交流電燈の　ひとつの青い照明です」という一節がある（『春と修羅』序）。初めて『春と修羅』を手に取った高校生の頃から、この詩が呼び覚ますリアルな感触は変わらない。物理学に関する雑多な知識を頭に詰め込んだ現在、あらゆる現象が物理法則に支配されているという信念は確固たるものになっている。それでもなお、生きることの愛しさと哀しさを抱え込んだ自分を「わたくしといふ現象」として捉える見方に、何の違和感も覚えないどころか、むしろ強いリアリティを感じてしまう。私にとって、物理法則は決して「冷たい方程式」ではなく、生命と心の源泉のように思われるからだ。

最先端物理学が描き出す世界の姿は、時計仕掛けのような無機質なものとは程遠い。「互いに力を及ぼしあう多数の粒子が機械的に組み合わされて物質を形作る」という19世紀的な原子論は、とうの昔に廃れている。世界は野放図なまでにダイナミックであり、人知を超えて創造的である。かくも深遠で含蓄のある世界像を一部の物理学者だけが独占しているのは、あまりにももったいない。物理学専攻の大学院生にしか講義されない量子場の理論は、一般向きに解説するには難解にすぎるという見方もあるだろう。だが、量子力学の基礎知識を前提とせず、微積分はおろか指数関数すら使わずに量子場の説明をするのは、本当に無理なのだろうか？　たとえディラック方程式のような高度に数学的な理論でも、空間が1次元しかないケースに限定すれば、さほど難しい数式を使わずに負エネルギーの解が現れる理由を説明できるのではないか？　そうした思いが、本書を構想した背景にある。

原稿を執筆する際に心がけたことが一つある。それは、論文の背後に生身の人間の姿を思い描くことだ。論文作法の授業などない時代の物理学者たちは、実に個性豊かな論文を執筆した。そこには、論理的な措辞と厳格な数式の間から、人間的な思いが溢れだしている。シュレディンガーの論文に見られる高揚した文体からは、豊かな才能に恵まれながら雌伏を余儀なくされていた物理学者が、たまたま巡ってきた飛躍のチャンスに興奮している姿が窺える。空孔理論を初めて展開するディラックの論文に、妙に曖昧で断定を避ける言い回しが多いのは、天啓のごとく閃いたアイデアに今ひとつ自信が持てないからだろう。整理しないまま思いつきを次々と書き連ねていくハイゼンベルクの論文は、彼のせっかちな性格を感じさせてどこか微笑ましいし、冷徹で隙のないパウリの論文には、悪魔のように繊細な知性が滲み出て畏怖の念を禁じ得ない。

物理学とは、無味乾燥な知識の集積ではない。人間が人間のために作り上げた英知の体系である。本書には、そうした私の物理学への思いも込めたつもりだが、うまく伝えられたかどうか、今となっては少しばかり気がかりである。

２００８年８月

吉田　伸夫

ア行

カ行

サ行

タ行

ナ行

ハ行

マ行

ヤ行

ラ行

ワ行

キーワード解説

量子…エネルギーや角運動量などの物理量が連続的に変化せず、とびとびの値になったもの。
量子化…物理量がとびとびの値になること（「エネルギーが量子化する」）。または、物理量がとびとびになるように理論を定式化すること（「場の理論を量子化する」）。
量子条件…理論を量子化する際に、特定の変数（粒子の場合は位置 x と運動量 p）の間の関係式として課せられる条件。ディラックが与えた条件式「$px-xp=h/2\pi i$」が最も基本的な表現である。
量子論…量子化された理論の総称。
量子力学…粒子の力学を量子化した理論（本書では触れなかったが、剛体の力学を量子化したものも含まれる）。本来ならば「粒子の量子論」と呼ぶべきものだが、ボルンの命名に基づいて一般に量子力学と呼ばれる。
量子場の理論…場の力学を量子化した理論。「場の量子論」とも呼ばれる。量子力学（粒子の量子論）に対する上位理論で、量子場の理論の近似として量子力学を導くことができる。
量子電磁気学…最初に体系化された量子場の理論で、電子と光子の相互作用を扱う。「量子電気力学」とも呼ばれる。
素粒子論…電子・光子・クォークなどの素粒子を対象とする物理学理論。1960年代までは理論的な基礎が必ずしも明確でなかったが、1970年代以降は、量子場の理論（主にヤン＝ミルズ理論）を基礎にして体系化されている。

q 数…確定した値を持たず、積の順番を交換すると結果が異なる数（一般に、$A\times B$ は $B\times A$ と等しくない）。本書では述べなかったが、数学的には、ヒルベルト空間上の演算子（作用素）として定式化されることが多い。このため一般的な教科書では q 数ではなく演算子と呼ばれる。量子論においては、粒子の位置や運動量のような変数は q 数になる。
c 数…確定した値を持ち、積の順番を交換しても結果が変わらないふつうの数。古典物理学に現れる数は全て c 数である。c 数という語は、q 数でないことを明示するときにだけ使われる。

物質波…電子（および他の量子論的な粒子）が示す波動的な振舞いの起源となる波。ド・ブロイは電子に付随する波として、シュレディンガーは電子の実体として、ボルンやディラックは電子の振舞いを支配する仮想的な波として、パウリらは量子場に生じる波として物質波を論じた。
波動関数…物質波の状態を表す関数。q 数である物理変数の状態を表す c 数の関数となる。波動関数自体は物理的な実在ではないという見方が一般的。本書では触れな

かったが、ヒルベルト空間の要素を使って波動関数を定式化する方法もある。

波動方程式…波についての方程式の総称だが、量子論においては、特に波動関数が満たす方程式を指す。単に波動方程式といえば、量子力学（粒子の量子論）で用いられるシュレディンガー方程式を指す。量子場の理論でも波動方程式を定義することはできるが、きわめて複雑な形になるために本書では触れなかった。


プランク定数…量子論に現れる基本的な物理定数で、一般に記号 h で表される。数式に h が含まれることが量子論的な現象の徴となる。値は6.626×10^{-34}ジュール秒。人間のスケールに比べてプランク定数がきわめて小さいことが、量子論的な効果が実感されにくい理由である。

光速…電磁気学や相対論に現れる基本的な物理定数で、一般に記号 c で表される。実際に光が伝わる速さというよりも、人間が勝手に決めた空間的な長さの単位（メートル）と時間的な長さの単位（秒）を換算するための定数として定義される。値は毎秒2.99792458×10^{8}メートル（定義値）。人間のスケールに比べて光速がきわめて大きいことが、相対論的な効果が実感されにくい理由である。

電気素量…電子や陽子が持つ電荷の大きさに相当する物理定数で、一般に記号 e で表される。標準模型によれば、素粒子が持つ電荷は電気素量の有理数倍として表される（互いに整数比になる）。値は1.602×10^{-19}クーロン。

電子の質量…原子物理で重要な役割を果たす物理定数で、本書では記号 m で表した。値は9.109×10^{-28}グラム。陽子の質量は電子質量の1836倍、α 粒子の質量は7294倍である。


原子と場…19世紀物理学における基本的な概念で、物質は孤立した粒子としてイメージされる原子から構成され、原子間の相互作用は空間を満たしている場によって媒介される。

時間と空間…相対論では、時間と空間は４次元の時空として統一的に扱われる。このため、エネルギーや振動数のような時間的な量と、運動量や波数（波長の逆数）のような空間的な量は、必ずペアになって現れる。

粒子と波動の二重性…量子論に特有の性質。粒子性とは、ある物理量が孤立した対象に割り当てられることを、波動性とは、干渉や回折のような波に特有の性質を示すことを意味する。この２つの性質が電子や光子のような１つの対象に見られることが、粒子と波動の二重性である。


バネの振動…変化に比例する復元力が作用する振動子は一般に調和振動子と呼ばれるが、本書ではイメージしやすくするために「バネ」という言い方を用いた。

バスタブの定在波…閉じ込められた波は特定の振動パターンしか示さないが、そのことを印象づけるために、本書では、バスタブに入れられた水を揺さぶると特定の定在波だけが持続的に振動を続けるという例を繰り返し用いた。

新潮選書

光《ひかり》の場《ば》、電子《でんし》の海《うみ》——量子《りょうし》場《ば》理論《りろん》への道《みち》

著　者………………吉《よし》田《だ》伸《のぶ》夫《お》

発　行………………2008年10月25日
6　刷………………2024年11月20日

発行者………………佐藤隆信
発行所………………株式会社新潮社
〒162-8711 東京都新宿区矢来町71
電話　編集部 03-3266-5611
　　　読者係 03-3266-5111
https://www.shinchosha.co.jp
印刷所………………錦明印刷株式会社
製本所………………株式会社大進堂

ISBN978-4-10-603622-4 C0342